Lisa Warnecke
Tierisch heiß

LISA WARNECKE

TIERISCH HEISS

Wie Koala, Elefant und Meise
auf die Klimakrise reagieren

ISBN 978-3-351-03845-8

Aufbau ist eine Marke der Aufbau Verlag GmbH & Co. KG

1. Auflage 2021
© Aufbau Verlag GmbH & Co. KG, Berlin 2021
© Lisa Warnecke, 2021
Einbandgestaltung Anzinger und Rasp, München
Satz LVD GmbH, Berlin
Druck und Binden CPI books GmbH, Leck, Germany
Printed in Germany

www.aufbau-verlag.de

Inhalt

Vorwort 9

Kapitel 1
Extreme – Antworten auf wütendes Wetter 11

Kapitel 2
Energie – Was Tiere zum Leben brauchen 67

Kapitel 3
Anpassungen – Wie Tiere mit Hitze leben 91

Kapitel 4
Grenzen – Von Nischen, Mobilität und Flexibilität 119

Kapitel 5
Wandel – Zwischen Klimakrise und Artensterben .. 159

Danksagung 213

Anmerkungen 214

Register der erwähnten Tiere 229

Für meine Eltern Ruth und Heinz

Vorwort

Während meine Tochter draußen in der Hitze ihren ersten Schulklimastreik erlebt, sitze ich in der kühlen Bibliothek und frage mich, wie Wildtiere in einer Welt im Wandel zurechtkommen. Neben einem Temperaturanstieg erfolgt eine Zunahme von Wetterextremen. Jahr für Jahr flimmern die Nachrichten von Hitzewellen, Dürren und Waldbränden über die Bildschirme. Welche Auswirkungen hat das auf unsere Wildtiere, wie gut können sie sich an die neuen Bedingungen anpassen?

In diesem Buch erkläre ich physiologische Vorgänge und ökologische Zusammenhänge auf der Suche nach Antworten auf Fragen wie: Welche Reaktionen zeigen Tiere auf Wetterextreme wie Hitzewellen und Feuer? Warum dreht sich alles um Energie und Wasser? Welche Anpassungen an heiße Lebensräume finden wir im Tierreich? Wie verschieben sich Verbreitungsgebiete? Wie hängt der Klimawandel mit dem Artensterben zusammen? Dabei gewähre ich Einblicke in den Alltag der Wildtierforschung durch Beschreibungen der Arbeit von Kolleg:innen weltweit und meiner eigenen Untersuchungen.

Mein Interesse gilt dem Gebiet, wo Ökologie und Physiologie aufeinandertreffen. Um der Frage nachzugehen, wie Tiere unter extremen Bedingungen überleben, habe ich an den unterschiedlichsten Orten geforscht. Für meine Dissertation untersuchte ich in Australien die Überlebensstrategien kleiner Beuteltiere in Trockengebieten. Darauf folgte Kanada, wo ich Fledermäuse in der bitterkalten Prärie unter die Lupe nahm. Hamburg war die nächste Station, dort beschäftigte ich mich mit dem Winterschlaf von Igeln im Großstadtdschungel. Seit einigen Jahren lebe ich nun mit meiner Familie im australischen Albury, wo der Sommer gefühlt acht Monate dauert und Hitzewellen im Januar zum Alltag gehören. Hier bekomme ich die Folgen des anthropogenen Klimawandels direkt vor meiner Haustür zu spüren und bin der Frage nachgegangen, wie Tiere mit dem wütenden Wetter umgehen.

Nur wenn wir verstehen, wie ein Tier in seinem derzeitigen Lebensraum zurechtkommt und welche Rolle Energie, Wasser und Temperatur für sein Überleben spielen, können wir Vorhersagen für die Zukunft wagen. Keiner weiß genau, welche Arten sich erfolgreich anpassen werden können, zu komplex sind die Interaktionen in einem Ökosystem – jedoch gibt es eine Menge Menschen, die tierische Reaktionen auf Umweltveränderungen untersuchen. Anhand aktueller Beispiele für entsprechende Forschungsprojekte möchte ich Sie einladen zu einer gemeinsamen Suche nach den Antworten der Wildtiere auf die Klimakrise.

Kapitel 1

Extreme – Antworten auf wütendes Wetter

Mächtige Bäume heben sich als schwarze Silhouetten vom Nachthimmel ab. Es knirscht und knackt im Wald. Forsche Schritte bahnen sich einen Weg durch die Dunkelheit. Der Lichtstrahl einer Taschenlampe läuft an jedem Baum auf und ab. Gebannte Augen folgen ihm erwartungsvoll. Seit zwei Stunden sind die Forscher auf der Suche nach einem Baumbewohner mit Ringelschwanz. Ohne Erfolg. Ein Kauz fliegt auf, einige Kängurus springen eilig davon, und hochfrequente Klickrufe verraten die Anwesenheit von Fledermäusen. Sonst ist es ruhig. Zu ruhig. Da! Endlich verrät die Reflektion von Augen aus der Dunkelheit, dass dort ein Tier ist. Es ist die gewünschte Art, wie an der Form des Schwanzes eindeutig zu bestimmen ist. Nun muss es schnell gehen. Das Tier wird per Hand gefangen und in einen Beutel gesetzt, wo es sofort ruhig wird. Zufrieden macht sich das Team auf den Rückweg zum Fahrzeug, querfeldein und durch den Wald.

Bei dem Tier handelt es sich um einen Östlichen Ringelschwanzbeutler. Dieses katzengroße Beuteltier gehört zu den Possums, die nicht zu verwechseln sind mit den Opossums, die auf dem amerikanischen Kontinent leben. Das Possum wird für 24 Stunden zu Gast an der Universität sein, um dann wieder am gleichen Baum freigelassen zu werden. Projektführer ist mein Mann Jamie Turner, Wildtierbiologe an der Charles Sturt University im australischen Albury. Unterstützung bei der Feldarbeit bekommt er von Freunden, Unikolleg:innen oder anderen naturbegeisterten Menschen, die sich nachts gerne im Wald tummeln. So auch heute, wo ein Vater und sein jugendlicher Sohn mithelfen. Sie sind einfach gerne draußen, um Wildtierforschung live mitzuerleben. Es ist fast Mitternacht, als das Possum-Team nach einer kurzen Fahrt das Universitätsgelände erreicht. Dort setzt Jamie seine Helfer mit einem Dankeschön an deren Auto ab und fährt mit dem Possum auf der Rückbank zum Ökologiegebäude. Dort wird er die Anpassung des Tieres an seinen Lebensraum untersuchen.

HITZE WELLE

Wie jede Tierart zeigt der Ringelschwanzbeutler bestimmte Merkmale, die ihm helfen, mit den Bedingungen in seinem Lebensraum zurechtzukommen. Damit sind Anpassungen im Verhalten, in der Physiologie oder in der Morphologie gemeint. Die Physiologie beschreibt die Abläufe im Körperinneren und die Morphologie die Gestalt und Form. Durch entsprechende Änderungen können sich Tiere prinzipiell auf kurzfristige Wetterverhältnisse, jahreszeitliche Variationen und langfristige klimatische Veränderungen einstellen. Der Umgang mit hohen Temperaturen ist dabei die größte Herausforderung. Wenn es heiß ist, müssen Tiere Wärme an die Umgebung abgeben, um eine Überhitzung abzuwenden.

Schwierig wird es, wenn die Umgebungstemperatur die Körpertemperatur des Tieres übersteigt. Und noch schwieriger wird es, wenn dieser Zustand über Stunden oder Tage anhält. Und die Extremwetterform, die Tiere genau vor diese Aufgabe stellt, sind Hitzewellen.

Man könnte denken, dass so ein paar heiße Tage im Jahr wenig anrichten in einem Ökosystem. Tatsächlich hat sich die Forschung lange vor allem mit den Auswirkungen langsamer, gradueller Temperaturveränderungen auf Ökosysteme beschäftigt. Wetterextreme wurden eher als Ausnahme mit geringem Langzeiteffekt behandelt. Jedoch können solche Ereignisse trotz ihrer kurzen Dauer einen großen, dauerhaften Einfluss auf Ökosysteme haben[1]. An langsame Änderungen in Temperatur und Niederschlag in ihrem Lebensraum können Tiere sich bis zu einem gewissen Grad anpassen. Auf eine kurze Phase sehr hoher Temperaturen hingegen kann man sich kaum vorbereiten, und die Auswirkungen können fatal sein.

Was genau macht eigentlich eine Periode heißer Temperaturen zu einer Hitzewelle? International gibt es keine einheitliche Definition, generell muss es an drei Tagen in Folge heißer sein, als es normalerweise in diesem Zeitraum ist. Eine geläufige Methode bildet für jeden Tag des Jahres einen Mittelwert der Maximaltemperatur, und zwar basierend auf den zurückliegenden 30 Jahren als Referenzperiode. Steigt die Temperatur nun an drei oder mehr aufeinanderfolgenden Tagen über diesen Wert, so wird von einer Hitzewelle gesprochen. Definitionen können sich aber auch auf andere Faktoren wie die Minimaltemperatur beziehen. Die beste

Aussagekraft hängt von der jeweiligen Fragestellung ab. Ingenieure könnten sich beispielsweise für die Höchsttemperaturen interessieren, um die Belastung auf Material abzuschätzen und Gebäude oder Transportwege entsprechend zu konstruieren. Für das Gesundheitswesen sind die Minimaltemperaturen besonders wichtig, denn eine ausbleibende Linderung in der Nacht hat große Auswirkungen auf die Erholung von Patienten, vor allem für Ältere und Kranke stellt dies eine große Belastung dar[2]. Auch die Luftfeuchtigkeit während einer Hitzewelle ist entscheidend, denn sie kann die Wirkungen hoher Temperaturen zusätzlich verstärken.

Hitzewellen werden aufgrund des Klimawandels weiter zunehmen. Das heißt sowohl in der Häufigkeit als auch in der Intensität und Dauer[3]. Im Sinne des Leseflusses benutze ich in diesem Buch den Begriff »Klimawandel« als Synonym für die gegenwärtige menschenverursachte globale Erwärmung, auch wenn das nicht ganz korrekt ist, da Klimawandel sich auch auf andere erdgeschichtliche Änderungen beziehen kann. Die prognostizierten intensiveren, längeren und öfter auftretenden Hitzewellen werden Ökosysteme weltweit auf die Probe stellen.

Wie genau sieht der Einfluss von Hitzewellen auf Wildtiere aus, und wie gehen einzelne Arten damit um? Einige sehr schlecht. Wenn Kühlungsmechanismen nicht ausreichen und die Körpertemperatur über eine Toleranzgrenze hinweg ansteigt, hat das tödliche Folgen. Flughunde, Possums und Koalas beispielsweise fallen tot von den Bäumen. Sie sind Baumbewohner, die den vorherrschenden Umgebungstemperaturen kaum entkommen können. Bewohner von Höhlen und unterirdischen Bauten suchen ein geschützteres Mikroklima auf. Baumbewohner hingegen sind starke tageszeitliche Schwankungen der Umgebungstemperatur gewohnt und können diese normalerweise gut ertragen. Doch wenn eine Hitzewelle ein Gebiet heimsucht, dann werden plötzlich sicher geglaubte Lebensräume und Gewohnheiten zur tödlichen Falle. Es kann zu starken Populationseinbrüchen kommen. Eine Population umfasst alle Tiere einer Art, die im gleichen Raum leben und sich miteinander fortpflanzen könnten.

Ein drastisches Beispiel hierfür sind Flughunde, worunter man größere, fruchtfressende Fledermäuse versteht. Unglaubliche 45 500 Individuen sind an einem einzigen Tag aufgrund einer Hitzewelle gestorben! Dokumentiert wurde das von drei Flughunde-Arten im australischen Bundesland Queensland im Januar 2014. Von den gestorbenen Tieren waren 96 Prozent Schwarze Flughunde, und der Verlust machte mehr als die Hälfte der Population in der Gegend aus[4]. Solche Nachrichten sind keine Einzelfälle und werden auch aus anderen Teilen der Welt berichtet.

Bedenklich ist das vermehrte Vorkommen solcher Massensterben nicht nur im Hinblick auf den Artenschutz, sondern auch für die Funktion von Ökosystemen. Fledermäuse sind für die Pflanzenbestäubung und die Ausbreitung von Samen unentbehrlich. Neben den toten Tieren gibt es zusätzlich Tausende stark dehydrierte Individuen, deren Überleben und Fortpflanzungserfolg unsicher sind, wodurch die Population weiterhin geschwächt wird. Anhand von Szenarien-Rechnungen wurde eine kritische Temperatur für das Sterben von

Flughunden ermittelt. Die Analyse von vier Temperaturstufen zeigt, dass 42 °C der Schwellenwert ist, bei dem ein Massensterben großflächig eintritt[5].

Solche theoretischen Berechnungen helfen, Tierverluste durch Wetterbedingungen abzuschätzen und vorherzusagen. Flughunde sind relativ große, vegetarisch lebende Fledertiere mit einer Spannweite von häufig über einem Meter, die oft in riesigen Kolonien leben, deren Standort den lokalen Umweltbehörden bekannt ist. Daher kann ihr Massensterben vergleichsweise gut dokumentiert werden. Das macht sie zu idealen »Bioindikatoren« für andere Arten, bei denen solche Ereignisse aufgrund der solitären Lebensweise oder der kleinen Körpergröße sehr schwer nachzuweisen sind. Dazu gehören beispielsweise Hummeln, Schmetterlinge oder Vögel. Auch beim Koala sind Massensterben meist schwer zu belegen, aber Studien berichten von Populationseinbrüchen von über 60 Prozent nach Hitzewelle und Dürre[6]. Eine weitere Tiergruppe, die unter sehr hohen Temperaturen leidet, sind Possums. Hunderte von ihnen fallen bei großer Hitze tot aus den Bäumen. Und Jamie möchte herausfinden, warum das so ist. Da der Bedarf an Energie und Wasser direkt von der Umgebungstemperatur abhängig sind, eignen sich diese Parameter hervorragend zur Untersuchung der physiologischen Antwort eines Tieres auf eine simulierte Hitzewelle.

SAUER STOFF

Kalibrieren und eichen, überprüfen und kontrollieren. Alles muss exakt eingestellt sein und genau funktionieren. Den gesamten Tag hatte Jamie damit zugebracht, die verschiedenen Messgeräte der Stoffwechselanlage für seinen nächtlichen Gast vorzubereiten. Nun hat er das frisch gefangene Possum mitgebracht, und die erste Messung kann losgehen. Das Tier verbringt die Nacht in einem kastenförmigen Gefäß, in dem es sich nach Belieben bewegen kann. Ringelschwanzbeutler sind ausgesprochen gelassene Tiere. Nach einer kurzen Inspektion der neuen Umgebung putzt sich das Possum ausgiebig und legt sich dann ruhig hin. Und nur so ist eine Messung sinnvoll, schließlich soll der Ruhestoffwechsel gemessen werden. Das Messgefäß hat zwei kleine Öffnungen, an die Luftschläuche angeschlossen sind. An einer Seite wird mithilfe einer Pumpe Luft zugeführt, die an der anderen Seite ausströmt. Diese Atemluft wird dann von speziellen Messgeräten analysiert, um Veränderungen in Sauerstoff, Kohlenstoffdioxid oder Luftfeuchtigkeit zu berechnen. Jamie rollt seine Isomatte auf dem harten Boden aus. Die ganze Nacht über hat er das Wohl des Tieres per Infrarot-Kamera im Blick und überprüft die Funktion der Geräte.

Die Messung läuft über Nacht bei einer angenehmen Temperatur von 20 °C. Am folgenden Morgen beginnt die Wärmebelastung. Dazu erhöht Jamie die Temperatur langsam, in 2 °C-Schritten, bis zu einem Maximalwert von 39 °C am frühen Nachmittag. Diese Temperatur wurde als Maximum gewählt, da es selbst bei größter Hitze unwahrscheinlich ist, dass das Mikroklima in einem Possum-Nest diesen Wert überschreitet. Falls das Tier Anzeichen von Stress zeigen sollte, würde die Messung sofort abgebrochen. Doch Possums in dieser Gegend sind die Hitze gewöhnt, denn Hitzewellen gehören hier im Sommer dazu. In der Tat war es im Untersuchungsgebiet nur wenige Wochen vor Jamies Projektbeginn tierisch heiß: Über fünf Tage hinweg überstieg die Maximaltemperatur 43 °C, und für mehr als zehn Stunden pro Tag war es über 35 °C! Entsprechend lässt sich das Tier von der Untersuchung nicht aus der Ruhe bringen. Nachdem die Messungen bei 39 °C abgeschlossen sind, reduziert Jamie die Temperatur langsam wieder bis auf 20 °C und lässt das Possum kurz nach Sonnenuntergang wieder wohlbehalten an seinem Baum frei. Und es wundert sich wohl, ob das alles nur ein merkwürdiger Traum war!

Die ersten paar Nächte bleibt Jamie vor Ort, um alles im Blick zu behalten. Mehr als zehn Jahre Erfahrung mit solchen Untersuchungen zahlen sich aus, die Messungen laufen nach Plan. Kamera und Geräte können auch per Internet überprüft werden, so dass Jamie sich in den kommenden Wochen zumindest ab und an mal zu Hause blicken lassen kann. Gegen 1 Uhr nachts fällt er nach mehreren Stunden Possum-Suche müde ins Bett und flitzt um 7 Uhr früh schon wieder los zur Uni. Zum Abendessen kommt er kurz nach Hause, liest unseren Kindern noch etwas vor, um dann wieder in der Finsternis zu verschwinden. So geht das Tag für Tag, Nacht für Nacht. Nach drei Wochen sind erst mal genug Daten gesammelt. Gut, denn alle Beteiligten sind erschöpft! Aber solche Phasen gehören eben dazu zum Biologendasein. Dafür sind die Arbeitszeiten außerhalb der Feldarbeit relativ frei zu gestalten, was für den Familienalltag Gold wert ist. Außerdem ist zumindest unsere Tochter mit ihren sechs Jahren schon alt genug, um abends manchmal mit ins Feld zu gehen, um ein Possum wieder freizulassen. So werden Kindheitserinnerungen geschaffen!

HAUS HALT

Tiere sind stets bemüht, ihre Körpertemperatur genau zu regulieren. Die damit verbundenen Mechanismen und Vorgänge werden als Thermoregulation bezeichnet. Säugetiere und Vögel unterscheiden sich vom Rest der Tierwelt darin, dass sie eine innere Wärmeproduktion haben. Dadurch können sie ihre Körpertemperatur unabhängig von der Umwelt regulieren und werden als endotherm bezeichnet. Alle anderen Tiere sind ektotherm, ihre Körpertemperatur hängt ab von ihrer Umgebung. Oft werden endotherme Tiere als gleichwarm, homoiotherm oder warmblütig bezeichnet. Ektotherme Tiere hingegen werden wechselwarm, poikilotherm oder kaltblütig genannt. In der Tierphysiologie werden die Begriffe endotherm und ektotherm gebraucht, da sie zutreffend den Ursprung der Wärme beschreiben, mit den griechischen Präfixen »ekto« für außen und »endo« für innen. Einige ektotherme Tiere wie Fluginsekten oder Thunfische können jedoch bestimmte Körperregionen erwärmen.

Säugetiere und Vögel müssen ein Gleichgewicht schaffen zwischen ihrer inneren Wärmeproduktion und der Wärmeabgabe nach außen. Genannt wird dies der Wärmehaushalt: Die durch den Stoffwechsel produzierte Wärme muss ausbalanciert werden mit der Wärmeaufnahme von externen Wärmequellen und mit der Wärmeabgabe an die Umwelt. Das hierfür verantwortliche Steuerzentrum der Temperaturregulation ist der Hypothalamus. Er ist Teil des Zwischenhirns und erhält ständig Informationen über die aktuelle Temperatur in verschiedenen Teilen des Körpers. Übersteigt ein Wert den Sollwert, so werden Kühlungsmechanismen aktiviert. Eng verwoben ist der Wärmehaushalt mit dem Wasserhaushalt und dem Elektrolythaushalt. Tiere müssen all das regulieren, wenn die Umgebungstemperatur steigt. Bei diesen Überlegungen ist es wichtig, Temperatur und Wärme nicht durcheinanderzubringen. Temperatur wird in Grad gemessen, Wärme dagegen in Joule. Im Alltag ist die Einheit Kalorie geläufiger, dabei entspricht 1 Kalorie 4,2 Joule. Wärme fließt immer von einer Stelle mit höherer Temperatur zu einer Stelle mit niedrigerer Temperatur, sie folgt dem Temperaturgefälle.

Landtiere können Wärme auf vier verschiedenen Wegen abgeben und aufnehmen: Wärmeleitung, Wärmeübertragung, Wärmestrahlung und Verdunstung. Bei direktem Kontakt mit einem Gegenstand oder dem Boden kann ein Tier durch Wärmeleitung Wärme abgeben oder aufnehmen, was auch Konduktion genannt wird. Damit eng verbunden ist die Wärmeübertragung oder Konvektion, die die Wärmebewegung in der Luft beschreibt. An der Körperoberfläche wird Wärme von der Luft weggetragen, und dieser Anteil nimmt zu, wenn es windiger wird oder wenn der Temperaturunterschied zwischen Haut und Luft größer wird. Bei der Wärmestrahlung oder Radiation wird Wärme über elektromagnetische Strahlung ausgetauscht, die keinen direkten Kontakt benötigt.

Nun zum vierten und effektivsten Weg der Wärmeabgabe:

Verdunstung oder Evaporation. Hierbei wird Wasser an der Haut in Wasserdampf umgewandelt. Um 1 Gramm Wasser von der flüssigen Phase zu Dampf umzuwandeln, benötigt es mehr als fünfmal so viel Energie, wie es braucht, um die gleiche Wassermenge vom Gefrierpunkt zum Siedepunkt zu bringen! Durch Verdunstung wird überschüssige Körperwärme abgeführt, das Tier kühlt sich auf diese Weise ab. Verdunstung kann entweder durch Schwitzen, Hecheln oder Einspeicheln erzielt werden. Schwitzen können vor allem große Tiere. Dazu gehören Huftiere wie Rinder, Antilopen, Kamele oder Pferde und natürlich wir Menschen.

Bei manchen Arten sind die Schweißdrüsen auf eine bestimmte Körperregion beschränkt, bei anderen sind sie dagegen über den ganzen Körper verteilt. Auch die Anzahl der Schweißdrüsen variiert sehr stark. Ein Nachteil des Schwitzens ist, dass mit dem Wasser auch Salz verloren geht und starkes Schwitzen daher einen Salzmangel hervorrufen kann. Viele Tiere hecheln anstatt zu schwitzen, wie etwa Ziegen, Schafe und Fleischfresser. Durch die schnelle und flache Atmung wird die Verdunstung im oberen Atmungstrakt stark erhöht, ohne dabei viel Muskelwärme zu produzieren. Vom Prinzip sind Schwitzen und Hecheln ähnlich, nur dass beim Hecheln die Wärme über die Atemwege abgegeben wird anstatt wie beim Schwitzen über die Haut.

Hunde besitzen zwar einige Schweißdrüsen, aber den Hauptanteil der Verdunstungskühlung erreichen sie über das Hecheln. Dafür steigern sie ihre Atemfrequenz von 30 auf 300 Atemzüge pro Minute. Für Hunde gibt es keine goldene

Mitte, entweder atmen sie normal oder sie hecheln. Schafe und Kängurus zeigen dagegen einen graduellen Anstieg der Atemfrequenz. Auch Vögel sind ohne Schweißdrüsen auf das Hecheln angewiesen. An heißen Tagen kann man sie oft mit geöffnetem Schnabel beobachten. Zusätzlich können sie durch die Oszillation ihres Rachenbodens Verdunstungskühlung schaffen.

Manche Tiere nutzen den dritten Weg der Verdunstungskühlung: das Einspeicheln. Indem Tiere sich das Fell lecken, wird über Verdunstung Wärme abgeben. Beispielsweise erhöhen Kängurus bei Hitze den Blutfluss zu ihren Vorderextremitäten, um dort durch Einspeicheln Verdunstungskühlung zu ermöglichen. Nagetiere sind auf das Einspeicheln angewiesen, da sie weder hecheln noch schwitzen können. Viele Tierarten nutzen jedoch nicht nur einen Weg der Verdunstungskühlung, sondern kombinieren Schwitzen, Hecheln oder Einspeicheln je nach Bedarf und äußeren Umständen.

Welchen Weg der Wärmeabgabe ein Landtier nutzt, hängt von der Umgebungstemperatur ab. In einer kühlen Umgebung kann es theoretisch alle genannten Möglichkeiten ausschöpfen. Bei Kälte machen Leitung und Strahlung einen Großteil aus, während Verdunstung gering ist. Der kritische Punkt der Wärmeabgabe beginnt für Säugetiere und Vögel, wenn die Umgebungstemperatur die eigene Körpertemperatur übersteigt. Ab diesem Punkt ist Wärmeabgabe nur noch durch Verdunstung möglich, sprich: Schwitzen, Hecheln oder Einspeicheln. Die anderen Möglichkeiten fallen weg, da sie auf einem Temperaturgefälle beruhen, wofür der Körper wärmer als die Umgebung sein muss. Doch Verdunstung kostet Wasser, und das ist bei hohen Temperaturen oft knapp.

Wie wirksam Verdungstungskühlung ist, hängt ab vom Wasserdampfdruck. Dieser ist wiederum abhängig von der Temperatur und der relativen Luftfeuchtigkeit. Damit das Schwitzen klappt, muss auf der Haut ein höherer Wasserdampfdruck herrschen als in der Luft. Bei einer Umgebungstemperatur von 37 °C und sehr hoher Luftfeuchtigkeit ist kaum Verdunstung möglich. Ist die Luft jedoch trocken, kann auch bei 50 °C noch geschwitzt werden. Es geht also um die Effektivität des Schwitzens, die vom Wasserdampfdruck abhängt. Unter Wasser sieht es etwas anders aus, denn dort fallen Verdunstung und Strahlung als Wege des Wärmeaustauschs fast ganz weg. Die Wärmeleitfähigkeit von Wasser ist mehr als doppelt so hoch wie die von Luft. Das bedeutet, dass Wärme von Wasser besser geleitet wird als von Luft.

KOST BAR

Nachdem die Datenaufnahme mit den Possums im Feld abgeschlossen ist, macht sich Jamie an die Analyse der Ergebnisse. Dabei geht es um den Verbrauch von Sauerstoff, die Produktion von Kohlenstoffdioxid, den Wasserhaushalt, die Atmung und die Körpertemperatur der Possums. Die Daten müssen statistisch ausgewertet und im Bezug zu anderen Publikationen diskutiert werden. Es geht dabei um die Frage: Ab wann wird es einem Possum eigentlich zu warm?

Wann muss es aktiv beginnen, Wärme an die Umgebung abzugeben, um sich vor Überhitzung zu schützen? Denn dieser Punkt ist nicht für alle Tiere gleich, sondern es gibt eine artspezifische Grenze. Veröffentlicht wird Jamies Artikel schließlich in der Fachzeitschrift »Journal of Experimental Biology«. Die Ergebnisse zeigen, dass Possums während einer Hitzewelle zu Kamelen werden! Der berühmteste Vertreter der großen Wüstenbewohner ist das Dromedar, das seine Körpertemperatur bei Wärmebelastung selbstbestimmt ansteigen lässt. Wie Jamies Daten zeigen, behelfen sich auch Possums mit dieser sogenannten fakultativen Hyperthermie[7]. Die Körpertemperatur steigt um einige Grad fast linear mit der Umgebungstemperatur an. Das spart kostbares Wasser, das sonst für Kühlung per Verdunstung nötig gewesen wäre.

Nur solange die Umgebungstemperatur unterhalb der Körpertemperatur liegt, kann Wärme passiv an die umgebende Luft abgegeben werden. Steigt sie darüber, dann bleibt Verdunstung die einzige Möglichkeit zur Kühlung. Während des ersten Teils der Messung zeigen die Possums eine normale Körpertemperatur von 36,1 °C. Wenn es jedoch heißer als 29 °C wird, dann lassen die Tiere ihre Körpertemperatur bis 38,6 °C mitansteigen. Erst dann beginnen sie mit dem Kühlen durch Verdunstung. Mithilfe dieses Anstiegs zögern sie den Zeitpunkt hinaus, an dem die Umgebungstemperatur ihre Körpertemperatur übersteigt. Dadurch sparen sie pro Stunde 10 Milliliter Wasser, das während einer Hitzewelle so kostbar ist.

Die Verhaltensbeobachtungen zeigen, dass Possums ab einer Umgebungstemperatur von 38 °C mit dem Kühlen beginnen. Da sie weder schwitzen noch hecheln können, bleibt ihnen als Weg der Verdunstungskühlung nur das Einspeicheln. Sie lecken ihr Fell, um auf diese Weise die Wärmeabgabe zu erhöhen. Wichtig ist, dass die gemessene Hyperthermie der Possums fakultativ ist – sie geschieht willkürlich und unterscheidet sich damit von einer ungewollten Hyperthermie mit negativen Folgen. Doch natürlich ist der Anstieg der Körpertemperatur nur bis zu einem gewissen Wert möglich. Schwer wird es für die Tiere, wenn die hohen Temperaturen bei einer Hitzewelle zu lange andauern oder wenn der Wasserverlust nicht ausgeglichen werden kann.

Vegetarier wie Possum und Koala haben es besonders schwer, wenn es um den Umgang mit Hitze geht. Das liegt an ihrer Nahrung. Viele Pflanzen produzieren Substanzen, die Tiere davon abhalten sollen, ihre saftigen Blätter zu fressen. Diese Abwehrstoffe sind »sekundäre Pflanzenstoffe«, und viele können toxisch wirken. Bei Nutztieren wird sichergestellt, dass ihre Nahrung reich an Nährstoffen ist und nur geringe Mengen dieser schädlichen Stoffe enthält. Wildtiere hingegen müssen beim Fressen abwägen, wie viel von welchen Blättern oder Gräsern sie aufnehmen können, ohne Schäden davonzutragen. Das gilt sowohl für die Wahl jeder einzelnen Mahlzeit als auch für längerfristige Zeiträume von Tagen und Wochen.

Fast alle Tiere würden beim Speiseplan eines Koalas an Vergiftung sterben! Die Wirkungsweise dieser Pflanzenstoffe ist sehr komplex, sie kommen in den verschiedenen Pflanzenarten in unterschiedlichen Zusammensetzungen und Konzentrationen vor. Mithilfe von Darmbakterien kann ein Großteil unbeschadet ausgeschieden werden, jedoch müssen Tiere ihre Einnahme kontrollieren, um schädliche Wirkungen zu minimieren. Mein befreundeter Kollege Bill Foley beschreibt in einer Studie, wie Koalas innerhalb eines Waldes den Besuch einzelner Eukalyptusbäume sorgsam abwägen. Drei Kriterien spielen eine Rolle: Das Alter des Baumes, ein verhältnismäßig geringer Gehalt an Toxinen in den Blättern und ein hoher Stickstoffgehalt in den Blättern[8]. Für diese Untersuchung analysierten Bill und ein Kollege die chemische Zusammensetzung von 857 einzelnen Bäumen von zwei Eukalyptusarten in dem Koala Conservation Centre auf Phillip Island, einer schönen Insel südöstlich von Melbourne. Über zehn Jahre hatten dort Parkangestellte und Freiwillige den Besuch von etwa 20 Koalas auf den verschiedenen Bäumen dokumentiert. Das Zusammenführen dieser beiden eindrucksvollen Datensätze von Pflanzen und Tieren in einem Gebiet ermöglichte es, die Vorliebe von Koalas für bestimmte Bäume zu erklären.

Und es gibt noch einen weiteren Grund, warum Koalas innerhalb eines Waldes einige Bäume gezielt aufsuchen: Die kühlende Antwort auf eine heiße Umarmung! Denn für Tiere, die mit einer Hitzewelle konfrontiert sind, ist die Situation besonders prekär. Erstens verursachen die Pflanzenstoffe in den Zellen der Tiere einen sogenannten Entkopplungsmechanismus, der den Stoffwechsel erhöht und zusätzlich Wärme freisetzt. Zweitens wirken die Blätter bei Hitze stärker toxisch. Die Tiere können zwar ihre Nahrungsaufnahme reduzieren, um den negativen Effekt abzuwenden, doch birgt diese Strategie das Risiko des Energie- und Wassermangels. Daher hat der Koala sich eine besondere List ausgedacht, um etwas Kühlung zu erlangen: Er umarmt Bäume! Und zwar nicht seine normalen Futterbäume, von denen eben die Rede war, sondern er sucht bei großer Hitze andere Bäume aus und schmiegt sich eng an deren dicken Stamm.

Jeder weiß, dass Koalas in Bäumen sitzend und kauend den Tag verbringen. Doch die normale leicht gebeugte Haltung in einer Astgabel bei milden Temperaturen verlagert sich bei Hitze in eine enge Baum-Umarmung, bei der der gesamte Körper an den Stamm gepresst wird. Messungen mit Wärmekameras konnten in der Tat zeigen, dass er dadurch seine Wärmeabgabe an die Umgebung steigern kann. Dieses Verhalten spart ihm kostbares Wasser, das er sonst zur Kühlung verbraucht hätte. Denn bei sehr hohen Temperaturen ist Wärmeabgabe nur durch Verdunstung möglich, wobei Wasser an der Haut in Wasserdampf umgewandelt wird. Als baumlebendes Tier kann der Koala sich nicht in eine unterirdische Höhle verkriechen. Doch wie diese Studie aus dem Jahr 2014 erstmals zeigt, bereitet der Stamm ein signifikant kühleres Mikroklima[9]. Dahinter stehen komplexe Prozesse wie der Wärmeaustausch durch wasserleitende Gefäße im Baum, und noch ist nicht ganz klar, warum welcher Baum wann wo am meisten Kühlung bereitet. Diese Untersuchung unterstreicht die wichtige Rolle von verschiedenen Baumarten in einem Lebensraum, und die Ergebnisse könnten auch für andere Baumbewohner bedeutend sein.

Entsprechende Verhaltensänderungen zur Reduzierung der Wärmebelastung sind bei hohen Umgebungstemperaturen sehr wichtig. Neben dem Aufsuchen von kühleren Orten in ihrem Lebensraum vermeiden Tiere zusätzlich Prozesse, die Wärme produzieren. Dazu gehört Bewegung, die durch Muskelarbeit Hitze freisetzt. Tiere reduzieren ihre Aktivität oder verschieben sie auf kühlere Tageszeiten. Auch beim Fressen entsteht innerlich Wärme, etwa durch Kauen, Schlucken, Magen- und Darmbewegungen sowie Zersetzung und Verarbeitung von Nahrung. Durch reduzierte Nahrungssuche und Nahrungsaufnahme können Tiere die innere Wärmeproduktion verringern, wenn auch auf Kosten der Energie- und Wasserzufuhr.

Tiere reagieren auch auf zellulärer Ebene auf Hitze. Bestimmte Proteine werden vermehrt gebildet, wenn die Zelle unter Stress gerät, zum Beispiel durch Wärmebelastung. In der Tat tut sich unglaublich viel in den Zellen, wenn es ihnen zu heiß wird: Bereits innerhalb der ersten Stunde werden dort als Antwort auf Temperaturstress 1500 verschiedene Gene angeschaltet und 8000 Gene abgeschaltet[10]. Von besonderem Interesse in diesem Zusammenhang sind die sogenannten Hitzeschockproteine. Diese Gruppe von Proteinen hat eine bedeutende Funktion für den Schutz der Zellen, indem sie beispielsweise denaturierte Proteine repariert.

IRRE PARABEL
Von molekularen und zellulären Prozessen über physiologische Abläufe bis hin zu Verhaltensänderungen – Tiere zeigen eine Vielzahl an Mechanismen als Reaktion auf Wär-

mebelastung. Sie sind jedoch alle in ihrem Wirkungsgrad limitiert. Wenn sie an ihre Grenzen stoßen, dann steigt die Körpertemperatur. Meist kann der Körper jedoch nur einige Grad Anstieg über die normale Körpertemperatur tolerieren, bevor irreparable Schäden an Gewebe und Organen entstehen. Die normale Körpertemperatur eines endothermen Tieres liegt je nach Art zwischen 31 °C und 41 °C. Am unteren Ende der Temperaturspanne finden wir mit 31–32 °C die eierlegenden Säugetiere Ameisenigel und Schnabeltier und am oberen Ende Vögel mit häufig über 40 °C. Die normale Körpertemperatur sagt an sich allerdings nichts darüber aus, wie gut ein Tier mit Hitze umgehen kann!

Der Unterschied zwischen normaler Körpertemperatur und Hitzetoleranz ist sehr wichtig. Vergleichen wir dafür einmal zwei Tiere mit unterschiedlicher Körpertemperatur: Eine Spitzmaus (37 °C) und ein Ameisenigel (31 °C). Die Spitzmaus hat eine höhere normale Körpertemperatur, jedoch ist sie viel anfälliger für Überhitzung und stirbt schon nach einer Stunde bei 32 °C Umgebungstemperatur. Der Ameisenigel hingegen kann noch 42 °C Umgebungstemperatur tolerieren, da er sich effektiv kühlen kann. Die normale Körpertemperatur sagt nichts darüber aus, wie effizient ein Tier sich kühlen kann – sie verändert jedoch den Zeitpunkt, an dem die Wärmebelastung einsetzt.

Ab einem bestimmten Punkt ist das System überfordert, und das Tier stirbt. Bei ektothermen Tieren wie Insekten, Fischen oder Reptilien ist die Vorhersage des Verlaufs einer Wärmebelastung relativ einfach, da ihre Körpertemperatur mit der

Umgebungstemperatur ansteigt. Ab einem bestimmten Punkt erreichen sie ihren kritischen Maximalwert, bei dem sie lethargisch werden und erste Gewebeschäden auftreten. Wird ein Tier jetzt gekühlt, überlebt es. Es ist also der Punkt, an dem die Schäden »gerade so« noch reparabel sind. Die letale, tödliche Temperatur ist stark vom Lebensraum abhängig. In antarktischen Gewässern lebende Fische haben beispielsweise ihre Hitze-Toleranz verloren. Der Krokodileisfisch etwa stirbt bei 11,6 °C den Hitzetod! An Wüsten angepasste Fische können dagegen Temperaturen weit über 40 °C ertragen, wie beispielsweise der Wüstenkärpfling.

Bei Säugetieren und Vögeln wird das Ganze durch die innere Wärmeregulation verkompliziert. Doch selbst die besten Kühlungsmechanismen sind irgendwann ausgereizt, und dann erreicht das Tier seine kritische Maximaltemperatur. Bei vielen Tieren scheint diese bei etwa sechs Grad über dem Normalwert der Körpertemperatur zu liegen[11]. Übersteigt die Körpertemperatur diesen Punkt, folgt der Hitzetod. Ob ein Tier eine Hitzewelle überlebt oder nicht, hängt nicht nur von der Höchsttemperatur ab. Ebenso entscheidend sind Faktoren wie Dauer der Hitze, Luftfeuchtigkeit, Mindesttemperatur in der Nacht oder Anzahl der Tage zwischen zwei Hitzewellen.

Entweder sterben Tiere direkt durch die Folgen der Hitze, oder sie tragen gesundheitliche Schäden wie Dehydrierung davon. Zusätzlich gibt es weniger auffällige Einflüsse wie langfristige Veränderungen. Beispielsweise kann durch hormonelle Änderungen der Fortpflanzungserfolg vermindert werden. Nach Hitzeeinwirkung ist häufig die Spermienqualität vermindert, und diverse Prozesse wie die Follikelreifung im Eierstock, der Eisprung und die Versorgung des Fötus sind beeinträchtigt[12]. Solche Effekte können sich auf Populationsebene langfristig negativ auswirken.

ZEBRAFINKEN

Vögel haben eine hohe Körpertemperatur. Sind sie daher prinzipiell im Vorteil, wenn es um den Umgang mit Hitzewellen geht? Da gehen die Meinungen auseinander. Tatsächlich wird dieser Aspekt in der wissenschaftlichen Literatur teils als Vorteil, teils als Nachteil diskutiert. Ein Vorteil ist eine hohe Körpertemperatur, da die Temperaturspanne größer ist, über die passiv Wärme an die kühlere Umgebung abgegeben werden kann. Ein Nachteil ist, dass sie näher an der Temperaturgrenze liegt, bei der Proteine denaturieren und andere schädliche Prozesse beginnen.

Unumstritten ist jedoch, dass Vögel im Umgang mit Hitzewellen aufgrund ihrer Lebensweise, ihres Mikrohabitats und ihrer Körpergröße besonders herausgefordert sind. Die meisten Vogelarten sind tagaktiv und können der Hitze daher schlechter entgehen als viele nachtaktive Säugetiere. Zusätzlich können sie zumeist nicht in eine kühle Höhle fliehen, sondern sind der Umgebungstemperatur relativ ungeschützt ausgesetzt. Auch bedeutet ihre kleine Körpergröße, dass Energie- und Wassermangel schneller eintreten als bei größeren Tieren.

Wie können Vögel dann eine Hitzewelle überstehen? Das klang nach einer spannenden Forschungsfrage, fand meine befreundete Kollegin Christine Cooper und beantragte Projektgelder für eine entsprechende Untersuchung an Zebrafinken. Diese hübschen, zehn Gramm leichten Finken haben einen knallroten Schnabel und an der Kehle tatsächlich eine schwarz-weiße Bänderung, die an Zebras erinnert. Sie sind gesellige Vögel, die in großen Schwärmen leben und in den Trockengebieten Australiens zu finden sind. Christines Freude über die Fördermittelzusage verpufft in dem Moment, als sie realisiert, dass sie nun tatsächlich die heißeste Zeit des Jahres auf eine Hitzewelle wartend im trockenen Landesinneren Australiens verbringen würde! Und sie hat sich einiges vorgenommen: Damit ihre Idee funktioniert, muss sie aus einer Schar von über 300 Zebrafinken, die regelmäßig eine Futterstelle im Outback aufsuchen, zehn Individuen an der Beinbänderung wiedererkennen und zweimal in Folge innerhalb von 48 Stunden fangen. Und einige Wochen später nochmals. Absolut unmöglich, sagt ihr kopfschüttelnd ein Kollege. Genau diese Motivation braucht Christine, und es gibt für sie kein Zurück mehr.

Unterstützung bei der beschwerlichen Feldarbeit bekommt sie von ihrem Mann Phil Withers, ebenfalls ein Tierphysiologe aus Perth, bei dem ich meine Diplomarbeit geschrieben habe. Knapp drei Monate verbringen sie in der einfachen Behausung einer kleinen Forschungsstation. Die Klimaanlage versagt, sobald die Umgebungstemperatur 36 °C übersteigt, was praktisch jeden Tag vorkommt. Aus diesem Grund zerschlagen sich die geplanten Feldlabormessungen, denn die empfindlichen Messgeräte können die hohen Temperaturen nicht tolerieren. Nun ja, dann müssen eben die Messungen im Feld klappen. Tagelang sitzt Christine von Sonnenaufgang bis Sonnenuntergang bei Außentemperaturen bis zu 46 °C in einem geparkten Auto neben der kleinen Vogelfutterstation, an der sie ihre Beobachtungen und Messungen durchführt. Sie wagt es nicht, die Temperatur im Auto zu messen, aber wer schon mal im Sommer in einem parkenden Auto ohne Kühlung gesessen hat, der weiß, dass es nach sehr kurzer Zeit sehr heiß wird. Wochenlang probiert sie erfolglos viele verschiedene Fangmethoden, und oft verwünscht sie ihr wissenschaftliches Interesse an Hitzewellen.

Um zu sehen, wie schlimm die Hitze an jedem einzelnen Tag ist, müssen Christine und Phil nur morgens die Tür öffnen und die Kängurus in unmittelbarer Nähe ihrer Hütte zählen. Als Wildtiere bleiben sie eigentlich den Menschen fern – doch während dieser Hitzewelle suchen sie an besonders heißen Tagen den Schatten der Hütte auf und bilden eine Schlange, um von dem tropfenden Kondenswasser der Klimaanlage an der Hüttenwand zu trinken. Als Christine eines Morgens von einem Känguru in ihrer kleinen Küche überrascht wird, da weiß sie, dass ein besonders heißer Tag vor ihr liegt! Doch lieber die Küche mit einem Känguru teilen als mit einer giftigen Schlange – diese verschwand eines Tages unter der Küchenzeile und konnte trotz aller Mühen nicht mehr aufgefunden werden. Für den Rest der Zeit kann die Küche trotz der Hitze nur noch mit Stiefeln betreten werden. Ach, das süße Leben der Freilandbiologie!

Schließlich gelingt es Christine tatsächlich, zehn Tiere unter diesen Bedingungen wiederholt zu fangen, um ihren Energie- und Wasserhaushalt im Freiland zu messen. Die

Vögel werden dann unbeschadet wieder freigelassen. Ein Teil der mit so viel Mühe gesammelten Proben geht beim Transport kaputt, und als Christine das bei der Ankunft in Perth bemerkt, ist sie so frustriert, dass sie einfach schnurstracks aus dem Labor herausläuft und den »Tatort« für Wochen ignoriert – bevor sie dann doch noch genug Material für die Analysen gewinnen kann und eine spannende Publikation dieses Abenteuer krönt[13].

Solche Geschichten über den Schweiß und die Tränen, die während eines Forschungsprojekts vergossen werden, sucht man vergebens in den Abschnitten »Material und Methoden« der entsprechenden Publikationen. Darin werden nur die für die Datenerhebung notwendigen Details beschrieben. Doch es sind gerade solche Projekte, die neue Einblicke in Überlebensstrategien von Wildtieren bringen. Für die Zebrafinken kann Christine zeigen, dass hohe Temperaturen diese kleinen Tiere im Freiland nicht aus der Ruhe bringen. Selbst während einer Hitzewelle mit täglichen Maximalwerten von 40 bis 45 °C zeigen die Vögel keinerlei Anzeichen physiologischen Stresses. Eine entsprechende Vergleichsmessung erfolgte bei Maximaltemperaturen von 28 °C. Die Finken verbrauchen während der Hitzewelle 4,5 Milliliter Wasser und etwa zwei Gramm Futter pro Tag, damit bleibt der Bedarf unverändert gegenüber normalen Umweltbedingungen. Jedoch entdeckt Christine, dass Zebrafinken einen hohen Wasseranteil in ihrem Körper haben. Dies scheint eine Art Wasserspeicher zu sein, der es ihnen ermöglicht, über längere Zeiten ohne Trinkwasser auszukommen.

Letztlich scheint eine Verhaltensveränderung der Schlüssel zum Erfolg zu sein. Die Zebrafinken wissen genau, wenn ein Tag besonders heiß wird. Dann intensivieren sie ihre Aktivität am frühen Morgen, um die Energie- und Wasseraufnahme sicherzustellen, bevor sie eine achtstündige Ruhephase im Schatten einlegen. Abends wird dann wieder getrunken und gefressen. Die Finken wissen also, wie das Wetter im Laufe des Tages wird und ändern ihr Verhalten entsprechend in der ersten Tageshälfte. Sozusagen eine im System verankerte Wettervorhersage! Aufgrund dieser Daten kann angenommen werden, dass Zebrafinken Temperaturen bis 45 °C gut aushalten können, solange ihr Lebensraum kühleres Mikrohabitat wie schattige Bereiche beinhaltet und sie verhaltensregulatorische Flexibilität aufweisen. Und vor allem, solange sie Zugang zu Wasser haben. Denn obwohl Zebrafinken dafür berühmt sind, dass sie ohne Trinkwasser überleben können, ist dies nur der Fall, solange die Umgebungstemperatur unter 30 °C liegt, wie Christine ebenfalls herausfindet.

BRUCH TEIL
Bei einem ähnlichen Freilandexperiment mit Vögeln untersuchten drei Wissenschaftlerinnen aus der südlich von Sydney liegenden australischen Hauptstadt Canberra die Auswirkungen von einer Reihe von Hitzewellen. Dazu wurden freilebende Schnäpper, etwa zwölf Zentimeter kleine Sperlingsvögel mit grau-weißem Gefieder, täglich gewogen und ihr Bruterfolg dokumentiert. Die Ergebnisse zeigen einen direkten Zusammenhang zwischen maximaler Umgebungstemperatur und Körpergewicht. Je heißer der Tag, desto mehr Körpergewicht verlieren die Vögel[14]. Zurückzuführen ist der

Gewichtsverlust auf Wassermangel, und er fällt geringer aus, als Laborstudien nahegelegt hatten. Das verdeutlicht den positiven Einfluss von thermoregulatorischen Verhaltensweisen, genau wie bei den Zebrafinken.

Die Sterberate der Schnäpper steigt während der Hitzewellen um das Dreifache, und alle brütenden Vögel geben ihr Nest auf. Das sind die schlechten Nachrichten. Die gute Nachricht ist, dass sich Vögel in der Zeit zwischen den Hitzewellen erholen. Das zeigt, wie bedeutsam »kleine Details« einer Hitzewelle für Wildtiere sind. Dazu zählen die Anzahl der Tage, die eine Hitzewelle dauert, die tägliche Maximaltemperatur, die Minimaltemperatur während der Nacht, die Luftfeuchtigkeit, der Zeitraum zwischen zwei Hitzewellen, die Möglichkeit der Kühlung durch Verhaltensänderung und der Zugang zu Trinkwasser. In der Tat können viele Tiere hohe Temperaturen gut aushalten, solange Wasser frei zugänglich ist. Die Gefahr liegt in der Verbindung von Hitze und Trockenheit.

Während einer Hitzewelle in Westaustralien im Januar 2009 starben schätzungsweise eintausend Zebrafinken und Wellensittiche an einem einzigen Tag an einer einsamen Tankstelle im Outback. Über 14 Tage lag die Maximaltemperatur bei über 40 °C. An vier aufeinanderfolgenden Tagen waren es über 45 °C, dazu kühlte es nachts nicht genügend ab. Vor allem Jungtiere starben, die weniger erfahren sind im Umgang mit der Hitze. Nach einem starken Populationsanstieg im Vorjahr waren sie wahrscheinlich in die Randzonen eines geeigneten Habitats gedrängt worden. Ich kenne diese Tankstelle gut, denn das »Overlander Roadhouse« ist

Ausgangspunkt zur schönen Bucht Shark Bay, zu der es mich immer wieder hinzieht, sei es als freiwillige Helferin bei Naturschutzprojekten, als Studentin für Freilanduntersuchungen oder als Touristin mit meinen Eltern. Einmal habe ich dort sogar eine Nacht draußen auf einer Holzbank verbracht, weil eine Freundin und ich auf dem Weg in den Norden den einzigen Bus am Tag verpasst hatten!

Für bedrohte Tierarten kann ein Massensterben katastrophal sein. Oft sind sie durch Habitatverlust ohnehin schon auf einen Bruchteil ihrer früheren Verbreitungsgebiete beschränkt und haben beträchtliche Einbußen in der Populationsgröße hinnehmen müssen. Um nachzuschauen, welche Arten bedroht oder gefährdet sind, geht man am besten auf die Webseite der Weltnaturschutzunion IUCN (International Union for Conservation of Nature). Sie sammelt Informationen bezüglich der Vorkommen einer Art und wird dafür von Expert:innen weltweit beraten. Darauf basierend wird die »IUCN Rote Liste« erstellt, die jedes Tier auflistet und anhand des Grads seiner Gefährdung einstuft: Von »nicht gefährdet« über »gefährdet« zu »vom Aussterben bedroht« und schließlich »ausgestorben«, mit insgesamt neun Unterstufen. Die Datenbank ist sehr besucherfreundlich und stellt für Öffentlichkeit und Organisationen viele Informationen und Verbreitungskarten zur Verfügung. Bis zum August 2020 wurden 120 372 Tierarten bearbeitet. Eine davon ist eine Papageienart, die als bedroht eingestuft ist und unter Hitzewellen leidet.

Der große Papagei namens Carnabys Weißohr-Rabenkakadu hat in den vergangenen 50 Jahren große Teile seiner

Brutgebiete im südlichen Westaustralien verloren, und in manchen Gegenden wird sein Rückgang auf 10 Prozent pro Jahr geschätzt. Aufgrund hoher Temperaturen wurden an einem einzigen Tag über 200 tote Kakadus gefunden[15]. Es ist stark anzunehmen, dass es sich dabei um einen Bruchteil der tatsächlichen Opfer handelt, da die Zahl nur auf zwei Fundorten basiert und große Teile des Verbreitungsgebiets kaum bewohnt sind. Wenige Wochen später wurden über 80 tote Tiere nach einem starken Hagelschauer gefunden, und zusätzlich setzen Infektionskrankheiten und Verkehrsunfälle der Art zu. Für Wildtiere stellt Hitze immer nur eine unter vielen Stressoren dar, und bedrohte Arten sind aufgrund relativ kleiner Populationen besonders anfällig für entsprechende Einflüsse.

Massensterben durch Hitzewellen bei Vögeln systematisch zu erfassen ist fast unmöglich. Sie sind mobil, klein und leben oft solitär. Tote Tiere in der Landschaft zu finden ist ebenso aussichtslos, zumal sie auch von Raubtieren gefressen werden. Daher ist man auf Schätzungen angewiesen und auf theoretische Berechnungen, basierend auf populationsökologischen Untersuchungen, physiologischen Studien und einzelnen Berichten über lokale Massensterben. Tatsache ist, dass es bei Vögeln zu katastrophalen Populationseinbrüchen kommt, wenn die Umgebungstemperaturen zu lange zu hoch sind und das Trinkwasser knapp wird. Kleine Arten sind besonders betroffen, da der Wasserverlust durch Verdunstung für kleine Tiere relativ gesehen höher ist als für größere Arten.

Kleine Vögel werden einen drastischen Anstieg im Wasserbedarf erleben. Für große Wüstengebiete wie die Sahara oder Kalahari wird bis zum Jahr 2080 ein Anstieg der Maximaltemperatur von 3 bis 5 °C vorausgesagt. Nehmen wir an, die Maximaltemperatur steigt von 44,6 °C auf 50,1 °C. Für einen großen Vogel (500 Gramm) stiege der Wasserbedarf dadurch um knapp die Hälfte. Für einen kleinen Vogel (5 Gramm) würde sich unter solchen Bedingungen der Wasserbedarf fast verdoppeln[16]. Der Umgang mit den häufigeren, längeren und wärmeren Hitzewellen wird also die Anforderungen an die Umwelt verändern. Besonders kleine Vogelarten in Wüstengebieten sind betroffen, und zwar nicht nur ansässige Arten, sondern auch Zugvögel. Massensterben von großen Ausmaßen könnten in der Zukunft die Folge sein.

AQUA TISCH

Hitzewellen betreffen alle Lebensräume, auch Meere. Für die Definition sogenannter mariner Hitzewellen wird meist das Überschreiten des Mittelwerts der maximalen Wasseroberflächentemperatur über fünf Tage genutzt, basierend auf den vergangenen 30 Jahren. Eine Analyse globaler Temperaturdaten von 1925 bis 2016 zeigt einen Anstieg in Frequenz um 34 Prozent und in Dauer um 17 Prozent[17]. Die Ursache liegt vor allem am Anstieg der durchschnittlichen Meerestemperaturen – und damit ist angesichts der steigenden Temperaturen eine Zunahme an Hitzewellen zu erwarten.

Heute gehen 87 Prozent der Hitzewellen in den Meeren auf das Konto anthropogener Erwärmung[18]. Die Auswirkungen hoher Wassertemperaturen betreffen alle Ebenen dieser Ökosysteme, und ein veränderter Sauerstoffgehalt ist dabei das größte Problem. Bei einigen Arten können sich innerhalb von Tagen schon Auswirkungen zeigen, während sie bei anderen Tieren erst nach Monaten auftreten. Die Auswirkungen werden über die Nahrungskette weitergereicht und können folgenschwer sein für diese sensiblen Ökosysteme. Ein trauriges Beispiel sind Trottellummen, schwarz-weiße Seevögel, die durch ihr Äußeres und ihre Haltung an Zwergpinguine erinnern. Unglaubliche 62 000 Individuen sind in den Küstengebieten zwischen Kalifornien und Alaska aufgrund geänderter Fischvorkommen nach einer marinen Hitzewelle verhungert und angeschwemmt worden – die Gesamtzahl betroffener Vögel wird auf eine Million geschätzt[19].

Neben den Ozeanen, die 70 Prozent der Erde bedecken, wird die Bedeutung anderer aquatischer Lebensräume oft übersehen. Fließgewässer und stehende Gewässer machen gemeinsam nur 0,1 Prozent der globalen Wassermasse aus – dennoch leben dort mehr Fischarten als in den Ozeanen! In der Tat bilden Bäche, Flüsse, Ströme, Seen, Weiher, Teiche, Feuchtgebiete und Co. den Lebensraum für zehn Prozent aller bekannten Tierarten und für ein unglaubliches Drittel aller Wirbeltierarten[20]. Allerdings werden sie in Schutzprogrammen oft übersehen, und global schwinden Feuchtgebiete derzeit schneller als Wälder. Das beruht vor allem auf großflächigen Trockenlegungen und Verschmutzung.

Der Populationsrückgang ist bei Wirbeltieren in Fließgewässern und stehenden Gewässern doppelt so hoch wie bei Land-

oder Meerestieren[21]. Auch die Bedeutung für die Menschen ist enorm, sowohl für die Versorgung mit Trink- und Nutzwasser als auch zur Entsorgung von Abwasser. Zusätzlich lockt die Schönheit naturnaher Gewässer viele Menschen zum Angeln, Schwimmen, Boot- und Kanufahren. Diese intensive Freizeitnutzung bedeutet Stress für die fragilen Ökosysteme. Der Eintrag von Nährstoffen, Feinsedimenten, Mikroplastik und anderen Stoffen hat weitreichende Effekte auf die Wasserbewohner.

Aufgrund ihrer relativ geringen Wassermenge schwankt die Temperatur von Oberflächengewässern stark. Untersuchungen aus der Schweiz und aus Frankreich zeigen den negativen Einfluss der Hitzewelle 2003 auf den Sauerstoffgehalt und die tierischen Bewohner von Seen und Flüssen[22,23]. Die Funktion aquatischer Ökosysteme ist vielschichtig und kompliziert, doch stark vereinfacht lässt sich sagen, dass Wasser bei steigender Temperatur weniger Sauerstoff aufnehmen kann. Das Fischsterben, über das als Folge von Hitzewellen häufig berichtet wird, ist primär durch Sauerstoffmangel verursacht.

Die Auswirkungen einer Hitzewelle hängen vom Zustand des jeweiligen Ökosystems vor dem Wetterextrem ab. Ein intaktes Gewässer bietet ein Mosaik verschiedener Zonen: Schattige Abschnitte durch Ufervegetation, Turbulenzen, verschiedene Wassertiefen und eine gute Wasserqualität. Stark degradierte Gewässer hingegen bieten kaum Möglichkeiten für die Tiere, durch Verhaltensveränderung andere Wassertemperaturen zu erreichen. Auch wenn sie nicht durch hohe Temperaturen direkt sterben, können die Wasserbewohner doch anfälliger werden für Parasiten und riskieren daraus resultierende Populationseinbußen. Die Auswirkungen einer Wärmebelastung sind abhängig von ihrer Dauer, und sie können das Immunsystem einschränken[24].

Die Lebensräume Land und Wasser werden meist getrennt erforscht, aber in der Realität sind sie natürlich gemeinsam betroffen. Die Analyse einer Hitzewelle im Jahr 2011 in Westaustralien zeigt dies sehr eindrucksvoll. Hier wurden die Reaktionen von diversen terrestrischen und marinen Ökosystemen über eine Fläche der Größe Italiens untersucht. 19 Prozent der Bäume und Büsche starben ab, Seegras wies starken Rückgang auf, Rabenkakadus büßten mehr als die Hälfte ihrer Population ein, Zwergpinguine erlebten einen Einbruch im Bruterfolg[25]. Andere Studien werden hier zitiert, in denen über großflächige Korallenbleiche berichtet wird, den Rückgang des Blätterdaches von Wäldern, den verschlechterten Gesundheitszustand der Grünen Meeresschildkröte und Änderungen im Verhalten von Langusten. Gewinner der Hitzewelle waren eine Bockkäferart und der tropische Streifenzwergbarsch. Solche Beobachtung von Reaktionen auf Extremereignisse erlauben keine Aussage darüber, wie gut die einzelnen Arten sich erholen können und welche Möglichkeiten der Anpassung sie haben. Dennoch zeigen diese Untersuchungen eindrücklich mögliche großflächige Effekte von Hitzewellen.

KLIMA ANLAGE
Hitzewellen fordern auch menschliche Opfer. Unsere thermoregulatorischen Fähigkeiten stoßen wie bei jedem anderen Säugetier an ihre Grenzen. Traurige Berühmtheit erlangte

die Hitzewelle im Jahr 2003 in Europa. Damals lagen die Durchschnittstemperaturen von Juni bis August 3 °C über dem Durchschnitt von 1960 bis 1990[26]. Als Folge starben in Mitteleuropa 70 000 Menschen. In Paris stiegen in diesem Zeitraum die hitzebedingten Todesfälle um 70 Prozent an[27]. Im Jahr 2010 gab es in Russland über 10 000 Tote infolge einer Hitzewelle. Und die Liste ließe sich fortführen. Es handelt sich dabei nicht um einen klassischen »Hitzetod«, dem Menschen zum Opfer fallen. Vielmehr lösen hohe Temperaturen verschiedene krankhafte Mechanismen aus, die sich in einer Kaskadenreaktion verstärken[28]. Wenn der Wärmestress zu stark wird, kann es zu Störungen in Gehirn, Herz, Darm, Niere, Leber, Lunge oder Bauchspeicheldrüse kommen. Ältere, kranke oder ganz junge Menschen haben oft eingeschränkte thermoregulatorische Fähigkeiten und sind daher durch Hitzewellen besonders gefährdet.

Der sozioökonomische Status beeinflußt ebenfalls die gesundheitliche Gefährdung bei Hitze. Gebiete mit hoher Bevölkerungsdichte und geringem Einkommen werden besonders stark betroffen sein vom Anstieg der Extremtemperaturen, wie beispielsweise der Nordosten Indiens und die Küstengebiete im westlichen Afrika[29]. Dort ist der Zugang zu ausreichend Trinkwasser und kühleren Orten wie schattigen Parks oder gekühlten Räumlichkeiten für große Bevölkerungsteile nicht gewährleistet. Jedoch sind wir Menschen auf solche Hilfestellungen angewiesen, um die körpereigenen Kühlungsmechanismen während einer Hitzewelle erfolgreich zu unterstützen.

In westlichen Ländern verschaffen Klimaanlagen eine Linderung, jedoch haben auch hier viele Menschen keinen Zugang zu dieser Technik. Das Angewiesensein auf die Stromversorgung ist außerdem nicht ideal. In Australien haben die meisten Häuser eine Klimaanlage, aber Stromausfälle passieren bisweilen. Ich habe es selbst einmal erlebt, wie es sich anfühlt, wenn man plötzlich von der Technik im Stich gelassen wird. Im Januar 2018 brach bei einer Außentemperatur von 46 °C die Stromversorgung im ganzen Stadtteil zusammen, weil in allen Häusern die Klimaanlage auf Maximum gedreht worden war. Ich war allein zu Hause mit Baby und Kleinkind, und es war ein beklemmendes Gefühl, wie die Hitze langsam, aber schwer ins Haus gekrochen kam und wir kein rettendes Auto vor der Tür geparkt hatten. Bei solchen Temperaturen bringt auch das Wasser aus dem Hahn keine Kühlung. Gerade als ich meinen Mann bei der Arbeit anrufen wollte, damit er uns abholt, sprang die erlösende Kühlung wieder an.

Ein längerfristiger Stromausfall kann katastrophale Folgen haben, vor allem für ältere, kranke oder ganz junge Mitglieder unserer Gesellschaft. Das Problem hört zudem für Umwelt und Mensch bei hohen Temperaturen nicht auf, es fängt mit ihnen eigentlich erst an. Denn Hitze kann Sekundäreffekte anstoßen. Gerade wenn Hitzewellen in eine Dürreperiode fallen, entsteht eine erhöhte Gefahr für Waldbrände.

--------------- ----------------- ---------------

FEUER SÄULE

Wenige hundert Meter von unserem Haus entfernt steht ein hohes Denkmal. Auf einem Hügel thronend, überblickt der weiße Turm erhaben die Kleinstadt. Normalerweise ist er von überall aus gut sichtbar. Doch heute kann ich ihn selbst von unserer Veranda aus nicht erkennen. Nein, unser sonst so weiter Blick über das australische Albury und die umliegenden Höhen endet nach knapp fünfzig Metern. Wie eine Wand aus dichtem Nebel erscheint das weiße Nichts um uns herum – aber es ist Rauch. Das Licht ist diffus, Feuerwehrsirenen klingen in der Ferne, Hubschrauber sind im ständigen Einsatz. Sie bringen Wasser in die Brandgebiete. Es ist Januar 2020, und wir befinden uns im australischen Bundesstaat New South Wales, der wie noch nie zuvor in Flammen steht. 160 Kilometer ist das nächste große Feuer von uns entfernt. Es ist der westliche Ausläufer des »Megafeuers« an der Ostküste, das auch in Deutschland über den Jahreswechsel für viele Schlagzeilen gesorgt hat. Unsere Nachbarstadt Wodonga, jenseits des Flusses Murray River schon zum Bundesstaat Victoria gehörend, schafft es in diesem Zusammenhang ebenso in die deutschen Medien. Obwohl es sich dabei nur um ein kleines Grasfeuer handelt, werden Teile der Bevölkerung zur Sicherheit evakuiert.

Jeden Morgen checken wir erst mal die Apps: Eine zeigt die neuesten Feuermeldungen im Land, eine andere informiert über die Luftqualität. Die Flammen in Wodonga sind seit heute Morgen glücklicherweise unter Kontrolle, und es sind keine neuen Feuer in der Umgebung gemeldet. Aus dem Haus können wir trotzdem nicht, denn es wird vor einer stark gesundheitsgefährdenden Rauch-Belastung in der Luft gewarnt. Niemand sollte nach draußen, wenn nicht unbedingt notwendig. Erst vor ein paar Tagen sind wir aus Deutschland zurückgekommen, wo wir über Weihnachten Familie und Freunde besucht haben. Gutes Timing, denn so haben wir die schlimmste Phase der Buschbrände verpasst. Die Autofahrt von Sydney nach Albury hatten wir um einige Tage verschieben müssen, da die Autobahn aufgrund von Feuern gesperrt war. Gespenstisch war die knapp sechsstündige Fahrt: Schlechte Sicht, Rauchwolken zeichneten sich am Horizont ab, der Verkehr war noch spärlicher als sonst, und Schilder am Straßenrand zeigten die höchste Alarmstufe der Feuergefahr.

In Australien gibt es ein Warnsystem verschiedener Brandgefahrenklassen. Über Radio, Fernsehen und Internet laufen ständig Updates. In verschiedenen Stufen wird gewarnt, und es gibt entsprechende Anweisungen, was wann zu tun ist. Ist ein Brand in der Nähe, muss die Entwicklung genau verfolgt werden; ab einem bestimmten Punkt muss der Koffer gepackt werden; dann folgt die Anweisung zum Verlassen des Grundstücks, gefolgt von der dringenden Aufforderung zur sofortigen Flucht. Bei der darauffolgenden, letzten Stufe ist das Verlassen des Hauses zu gefährlich. Wenn die Straßen unpassierbar sind, wird das eigene Haus zum sichersten Ort. Dann gilt: Alles abdichten, in einem Raum mit zwei Türen verharren und aus dem Fenster das Feuer im Auge behalten. Herauskommen soll man nur, wenn die Feuerfront über einen hinweggezogen ist oder wenn der Raum Feuer fängt. Dann hilft nur die Flucht zu einem alternativen Rettungsort, wie eine offene Wiese, ein Pool oder eine Grube. Mit Schaudern liest man entsprechende Anweisungen. Dennoch entscheiden einige Menschen, ihr Anwesen nicht zu verlassen, sondern versuchen es gegen die Flammen zu verteidigen.

FUNKEN FLUG

Unsere Kleinstadt ist nicht wiederzuerkennen. Vor unserem Abflug nach Deutschland vor einem Monat war es hier gewohnt idyllisch. Ständig blauer Himmel, eine geschäftige Einkaufsstraße, Parkanlagen und Flussufer mit vergnügten Leuten gefüllt, dazu überall Scharen von weißen, bunten und rosafarbenen Papageien. Nun ist alles wie ausgestorben. Es ist sehr windig, die Luft ist stickig und heiß und die hinter dem dicken Rauch versteckte Sonne taucht alles in ein unwirkliches, diffus oranges Licht. Ich komme mir vor wie in einem Science-Fiction-Film mit Weltuntergangsstimmung! Wir stellen uns auf ein Wochenende im Haus ein. Mit kleinen Kindern ist das nicht immer einfach, sehnsüchtig schauen sie auf Schaukel, Klettergerüst und Sandkiste im Garten. Doch wir verschließen alle Lüftungsschächte, drehen die Klimaanlage auf und ziehen die große Puzzlekiste unterm Bett hervor. Über Wochen kann praktisch niemand aus dem Haus, denn draußen gibt es kein Entkommen. Selbst Bibliotheken und Einkaufszentren sind an schlimmen Tagen mit rauchiger Luft gefüllt.

Wie existenziell saubere Luft zum Atmen ist, wird mir hier brutal vorgeführt. Ich kann kein Fenster öffnen, ohne dass mir ein scharfer Lagerfeuergeruch in die Nase sticht. Unheimlich ist das. Die Brandherde ziehen sich über die gesamte Ostküste Australiens, insgesamt brennt eine Fläche etwa viermal so groß wie Belgien. Riesige Brandsäulen in den Wäldern, die dominiert werden von Eukalyptusarten und Akazien. Eukalyptusblätter beinhalten entzündliche ätherische Öle und sind Meister im Funkenflug, der das Feuer sehr schnell kilometerweit vorwärts treiben kann. Die Feuer sind so heftig, dass sie selbst Wetter machen! Durch sehr starke Hitze können sich sogenannte Feuerwolken bilden, die als Hitzesäulen in die Atmosphäre steigen und gefährliche Gewitter auslösen. Durch Blitzeinschlag und heftige Windböen wird wiederum die Feuergefahr angefacht. Ein richtiger Teufelskreis.

Gelöscht werden können Feuer von solch gewaltigem Ausmaß nicht – die Feuerwehr konzentriert sich dann auf den Schutz von Menschen und Gebäuden. Und zuweilen auch auf die Rettung von Naturdenkmalen, wie die sogenannten Dino-Bäume, die mit einem wahnsinnig aufwendigen Einsatz mitten im Feuerinferno gerettet werden. Weltweit sind nur noch geschätzt zweihundert Exemplare der sogenannten Wollemi-Tanne vorhanden, die erst im Jahr 1994 nördlich von Sydney entdeckt wurden. Der genaue Standort wird zum Schutz der Bäume geheim gehalten. Sie sind vor etwa 200 Millionen Jahren entstanden, ihre Blätter wurden also schon von Dinosauriern angeknabbert. Das individuelle Alter der Bäume ist schwer zu schätzen, sie könnten aber bis zu 100 000 Jahre alt sein! Speziell ausgebildete Feuerwehrleute werden per Helikopter in die Schluchten zu den Bäumen herabgelassen, um dort Befeuchtungssysteme zu installieren, mit Hilfe von Löschsand und Wasserbomben wird die Feuerfront um die Schluchten gelenkt. Die Luftbilder sehen bizarr aus: Kleine sternförmige grüne Oasen inmitten einer endlosen schwarzen Wüste aus verkohlten Waldresten.

SONDER GREMIUM

Wichtige Sitzung in der Hauptstadt Canberra. Dale Nimmo packt seine Sachen und macht sich trotz der gesundheitsgefährdenden Luftqualität auf den Weg zum Flughafen. Er ist Experte für Feuerökologie und an der Universität ein Flurnachbar von Jamie. Im Regierungsgebäude trifft Dale die australische Umweltministerin, die ihn und eine Handvoll anderer Wissenschaftler in ein Sondergremium berufen hat, das einen Buschfeuer-Aktionsplan erarbeiten soll. Es geht um eine Bestandsaufnahme der Wildtierpopulationen in den Brandgebieten sowie um die Ausarbeitung von Schutzprogrammen für die kommenden Monate bis Jahre.

Denn die Natur leidet. Zwar brennt es in Australien jedes Jahr aufgrund des Zusammenspiels von hohen Temperaturen, Trockenheit, starkem Wind und leicht brennbarer Vegetation, und die Buschfeuer sind in vielen Ökosystemen ein natürlicher und nützlicher Bestandteil. Doch dieses Mal brennen größere Flächen als zuvor, die Feuerintensität ist oft höher, und das Feuer erreicht Gebiete, in denen es normalerweise nicht brennt. Eine langanhaltende Dürre begünstigt die Brände. Man geht von einer Milliarde verbrannter Tiere aus, eine Schätzung des angesehenen Zoologen Chris Dickmann. Die Zahl bezieht sich nur auf Vögel, Reptilien und Säugetiere ohne Fledermäuse. Der Verlust ist enorm. Welche Tierarten besonders stark betroffen sind und welche Sofortmaßnahmen nötig werden, das soll Dale in dem Gremium erarbeiten.

Dale untersucht die Auswirkungen von Feuer auf die Artenzusammensetzung in Ökosystemen. Dieser Einfluss ist abhängig von verschiedenen zeitlichen und räumlichen Faktoren: die Dauer des Feuers, die Intensität des Feuers, die Zeitspanne seit dem vorherigen Feuer, das Ausmaß des Feuers, die Jahreszeit und die strukturelle Gegebenheiten der Landschaft. Wichtig sind Zufluchtsstätten, etwa ein feuerfester Unterschlupf, feuerfreie Vegetationsinseln oder ein Stück Land wie eine schattige Schlucht, das aufgrund von Lage oder Feuchtigkeitsgehalt weniger schnell Feuer fängt. Diese Zufluchtsstätten helfen auf drei Ebenen. Erstens retten sie ein Tier direkt vor den Flammen, zweitens bieten sie in der Zeit nach dem Brand Schutz vor Wetter und Raubtieren, und drittens erleichtern sie es Populationen, sich in dem Gebiet wieder langfristig anzusiedeln, indem sie Nahrung und Verstecke anbieten[30].

Vögel sind bekannt für das Aufsuchen von Zufluchtsstätten. Fünf Jahre nach einem Buschfeuer nimmt die Anzahl an Vogelarten in einem Gebiet zu, je näher man einer Zufluchtsstätte kommt. Erst nach zehn Jahren ist diese Auswirkung nicht mehr nachzuweisen. Das unterstreicht erstens den positiven Einfluss feuerfreier Vegetationsinseln für Tiere bei der Wiederbesiedlung und zweitens die lange Zeitspanne, die ein Ökosystem braucht, um sich zu erholen[31]. Die

Intensität eines Feuers ist ebenso entscheidend für die Reaktion einer Tierart. Die Kieferntangare ist eine an Finken erinnernde Vogelart aus Nordamerika mit gelblich-grünem Gefieder, bei den Männchen ist der Kopf zur Brutzeit leuchtend rot gefärbt. Sie reagiert positiv auf eine geringe Feuerintensität, leidet jedoch bei einer hohen Intensität. Definiert wird die Intensität anhand der Prozentzahl der geschädigten Bäume mit einem Durchmesser von mehr als zehn Zentimetern. Eine geringe Feuerintensität bedeutet, dass weniger als 20 Prozent der Bäume sterben, eine hohe Intensität bedeutet 80 Prozent[32].

Brand ist nicht gleich Brand. Die Folgen für die Tier- und Pflanzenwelt sind davon abhängig, mit welcher Geschwindigkeit und Intensität ein Feuer durch die Landschaft zieht. Ein schnelles Feuer von geringer Intensität hinterlässt in einem Ökosystem viel schwächere Schäden als ein langsames und intensives Feuer. Wichtig ist auch, ob ein Gebiet evolutiv an Feuer gewöhnt ist. Denn in vielen Ökosystemen sind Brände ein natürlicher Prozess, meistens ausgelöst durch Blitzeinschlag. Ja, Feuer gestaltet diese Landschaften und ihre Bewohner buchstäblich mit, indem es auf großen Flächen langfristige Änderungen in der Artenzusammensetzung hervorruft. Je mehr ein Ökosystem an Feuerereignisse gewöhnt ist, desto besser können Tiere und Pflanzen mit den Flammen zurechtkommen.

Manche Pflanzen sind für ihren Fortpflanzungszyklus sogar auf Feuer angewiesen! Genannt werden sie pyrophil, also feuerliebend. Dazu gehören einige Baumarten, die nur durch Feuer ihre Fruchtstände öffnen und damit ihre Vermehrung sichern können. Manche Eukalyptusarten sind bekannt für ihren sogenannten Lignotuber. Diese hölzerne Verdickung liegt meist knapp unter der Erdoberfläche und enthält Knospen und Nährstoffe. Stirbt der Baum oberirdisch ab, kann er auch ohne Photosynthese überleben und die neuen Knospen unterstützen. Auch wenn ein Feuer alle oberirdische Vegetation vernichtet, wachsen die Bäume dank der Lignotuber einfach nach.

Sind Pflanzen aus Feuergegenden also eher feuerresistent, da sie Wege entwickelt haben, um nicht so schnell Feuer zu fangen? Tatsächlich ist das Gegenteil der Fall, wie Tim Curran, ein befreundeter Botaniker, in Neuseeland zeigen konnte. Mit seinem Team verbrannte er die Triebe von fast zweihundert Pflanzenarten und analysierte ihre Brennbarkeit. Die drei Faktoren Verwandtschaftsgrad, Feuerhäufigkeit im Habitat und Wuchsform haben alle Einfluss auf die Brennbarkeit. Das wichtigste Ergebnis ist wohl, dass Pflanzen aus Gegenden mit höherer Feuerhäufigkeit schneller und besser brennen als Arten aus Lebensräumen, in denen Feuer nicht oder selten vorkommen[33]. Pflanzen aus Gebieten, in denen es natürlicherweise oft brennt, zeigen also eine Reihe an Anpassungen an Feuer.

Am anderen Ende des Spektrums gibt es Waldgebiete, in denen unter Normalbedingungen kaum Brände entstehen. Aufgrund einer sehr hohen Luftfeuchtigkeit in Bodennähe, geschützt durch ein dichtes Laubdach, entzündet sich die Vegetation sehr selten durch natürliche Vorgänge. Daher haben Tiere und Pflanzen in solchen Gebieten wenig »Erfahrung« mit Feuer, daher wiegen Waldbrandschäden besonders schwer. Hierzu zählen auch die Amazonasgebiete, die im August und September 2019 durch menschengelegte Feuer zu großen Teilen in ein Flammenmeer verwandelt wurden. Die Folgeschäden sind noch nicht abzusehen für dieses Ökosystem, das einen großen Anteil an der globalen Sauerstoffproduktion und Wasserversorgung hat[34]. Doch auch Gebiete, die an Feuer angepasst sind, werden durch veränderte Feuerverhältnisse gefordert. Denn wie bei den Hitzewellen wird auch eine Zunahme in Frequenz und Intensität von Bränden vorhergesagt sowie ein verlängerter Zeitraum der erhöhten Brandgefahr[35].

ARTEN LISTEN

Dale ist aus Canberra zurück. Gemeinsam mit den anderen Wissenschaftler:innen hat er für das Umweltministerium eine Liste von Tier- und Pflanzenarten erarbeitet, die besonders unter den Folgen der verheerenden Buschbrände leiden. Dazu haben sie als ersten Schritt mit einem enormen statistischen Aufwand die Verbreitungskarten der Arten mit den Karten der Feuergrenzen abgeglichen. So konnten sie sehen, wie groß der jeweilige Anteil des verlorenen Lebensraumes ist. Doch es zählt nicht nur der Habitatverlust, sondern auch die Anfälligkeit einer Art gegenüber Feuer. Bei Tieren geht es darum, wie gut eine Art dem Feuer entkommen kann oder wie schnell sich eine Population erholt. Außerdem ist wichtig, wie sehr ihr Lebensraum vorher schon durch Dürren und Brände beeinträchtigt war, welche Intensität das Feuer in einer bestimmten Gegend hatte und wie zahlreich eine Art vor dem Brand war.

Insgesamt wurden 471 Pflanzenarten, 213 wirbellose Tiere und 92 Wirbeltiere als stark beeinflusst identifiziert[36]. Die Artenliste für Wirbeltiere setzt sich zusammen aus 17 Vögeln, 20 Säugetieren, 23 Reptilien, 16 Amphibien und 16 Süßwasserfischarten. Davon stehen drei Arten kurz vor dem Aussterben: eine Beutelmaus, eine kleine Echse und ein Frosch. Ihre Verbreitungsgebiete sind weitestgehend abgebrannt, sie waren schon vor den Feuern stark bedroht, und sie sind besonders empfindlich in Bezug auf Feuer und seine Nachwirkungen. Andere Arten haben einen Großteil ihres Lebensraumes verloren und brauchen dringend Schutzprogramme, um sich zu erholen, darunter der Koala, eine Maus und ein Frosch. Einerseits können bedrohte Arten ihre letzte Überlebenschance verlieren, andererseits können selbst häufige Arten plötzlich in die Schusslinie geraten, wenn durch solch ein Extremereignis große Teile ihres Lebensraumes innerhalb kurzer Zeit zerstört werden.

Für den Koala – der übrigens kein Bär ist und auch nicht so genannt wird! – sieht es nicht gut aus. Allein im Bundesstaat New South Wales wird die Zahl der verbrannten Tiere auf weit über 5000 geschätzt, bis zu zwei Drittel der Population wurden dezimiert. Koalas sind Beuteltiere, sie leben in Baumkronen und sind langsam. Daher werden sie schnell Opfer von Flammen. Die Feuerintensität und der Zugang zu feuerfreien Vegetationsinseln entscheiden über ihr Überleben. Sie erleiden Verbrennungen, wenn sie nach einem Brand auf Nahrungssuche gehen. Selbst Wochen nach den Bränden werden noch Koalas mit Brandwunden gefunden. Sie haben Rauchvergiftungen, sind unterernährt und dehydriert, da sie in den

Gebieten nicht genügend Blätternahrung finden, die auch als Wasserquelle dient. Zusätzlich droht ohne das schattenspendende Blätterdach eine sehr hohe Wärmebelastung.

Man kann dem Feuer jedoch nicht alle Schuld in die Schuhe schieben. Schon vor dem großen Feuer zum Jahreswechsel 2019/2020 hat der Koala einen starken Populationsrückgang erlitten. Denn das wirkliche Problem der Koalas sind nicht Wetterextreme, sondern der Verlust ihres Lebensraums. Ohne radikale politische Entscheidungen könnten Koalas schon bis zum Jahr 2050 in freier Wildbahn aussterben[37]. Das Schicksal könnte ihnen sehr leicht erspart bleiben. Dafür müsste jedoch ihr Lebensraum über die ökonomischen Vorteile der Rodung für Viehhaltung und Holzwirtschaft gestellt werden. Und das ist leider nicht in Sicht. Im Jahr 2012 wurden Koalas national als gefährdet eingestuft. Gebracht hat das nichts – ihre Wälder werden seitdem sogar noch schneller abgeholzt als vorher! Dieser negative Effekt wird angeheizt durch plötzliche, dramatische Schwächungen von Populationen durch vermehrte Hitzewellen, Buschbrände und Dürren sowie durch Krankheitserreger (ein Retrovirus und bakterielle Chlamydien).

Wie erforscht man eigentlich die Reaktion von Wildtieren auf Busch- und Waldbrände? Dale kann wohl schlecht eine Landschaft in Brand setzen, um dann die Folgen für die Tierwelt zu untersuchen. Nein, er arbeitet eng mit Nationalparkbehörden und indigenen Gruppen zusammen, die kontrollierte Brände durchführen. So bekommt er Zugang zu Gebieten vor und nach geplanten Buschfeuern. Außerdem untersucht er Gegenden mit einem »Feuer-Mosaik«, in dem verschiedene Landschaftsteile einen unterschiedlichen zeitlichen Abstand zum letzten Brand haben. Auch können Satellitenbilder alte Brandgrenzen verraten, und der Zustand der Vegetation erlaubt Rückschlüsse auf die Zeit seit dem letzten Feuer. Dales wichtigste Hilfsmittel für die Bestandsaufnahme von Tieren sind Wildtierkameras und Spuren. Anschließend werden die Daten von Gebieten mit verschiedener Feuervergangenheit mit Hilfe statistischer Modellrechnungen analysiert. Sie erlauben eine Aussage über die Antwort der Tiere auf einen Buschbrand.

Was machen Tiere in einem Feuer? Dale sagt, die richtige Mischung aus Anpassung und Scharfsinn ist gefragt, wenn ein Inferno durch dein Wohnzimmer jagt. Tiere haben im Prinzip zwei Möglichkeiten: Sie können in dem Gebiet bleiben oder fliehen. Beginnen wir einmal mit denen, die bleiben. Zum Beispiel die ganz Kleinen. Klein und doch große Umwelt-Ingenieure sind beispielsweise Termiten. Aufgrund ihrer für Belüftung sorgenden Tunnel spielen sie für die Bodengesundheit eine entscheidende Rolle. Dale untersuchte mit einem Forschungsteam die Reaktion von Termiten auf Feuer und konnte zeigen, dass sie von Bränden völlig unbeeindruckt sind[38]. Dabei hilft die unterirdische Lebensweise, denn Feuer verändert die Temperatur meistens nicht bis tiefer als zehn Zentimeter unter der Oberfläche. Das ist für Termiten geradezu lachhaft, denn ihre Bauten können unglaubliche zehn Meter unter der Erdoberfläche liegen! Ist eine unterirdische Lebensweise der Schlüssel zu einem feuersorgenfreien Leben?

Diese Aussage würden glatt die Wombats unterschreiben. Es gibt drei Arten dieser 25 Kilogramm schweren Beuteltiere, die aussehen wie eine Mischung aus Murmeltier und Koala und in Höhlen leben. Sie sind für ihre Meisterleistungen als Gräber bekannt. Bis zu knapp 90 Metern Länge und 28 verschiedenen Ausgängen kann das verzweigte Tunnelsystem eines Wombat-Baus haben[39]! In einem solchen unterirdischen Meisterbau ist man tatsächlich vor Feuer geschützt. Das weiß nicht nur der Wombat selbst, auch andere Tiere suchen dort Zuflucht, wie Dale im Januar 2020 schreibt. Während der verheerenden Brände gehen herzerwärmende Geschichten durch die sozialen Medien von Wombats, die andere Tiere in die Sicherheit ihres Baus leiten, um sie vor den Flammen zu schützen. Das ist rührend, aber nicht wahr[40]. Jedoch sind Wombat-Bauten in der Tat groß genug, um andere Tiere unterzubringen, und Wombats sind dafür bekannt, Untermieter zu dulden. Daher ist die Bedeutung von Wombats für das Überleben anderer Tiere nicht zu unterschätzen, und während eines Buschbrands können die Bauten als Zufluchtsstätten tatsächlich Leben retten.

ENT KOMMEN

Doch was ist mit Tieren, die nicht in Höhlen fliehen können? Es gibt einige Arten, die sich so an Feuer in ihrem Lebensraum gewöhnt haben, dass sie einen Buschbrand relativ problemlos überleben können. Ein Beispiel ist das Sumpfwallaby, sozusagen ein kleiner Verwandter der Kängurus. Tiere wurden mit Sendern ausgestattet und ihr Bewegungsmuster während eines Kontrollbrandes und eines natürlichen Buschbrandes aufgezeichnet. Die Tiere können den Flammen erfolgreich entkommen, indem sie bei einer anrollenden Feuerwand in ein feuchtes Flussbett oder eine kühle

Schlucht springen, um dann im richtigen Moment durch die Feuerfront hindurch in die schon verbrannte Zone in Sicherheit zu gelangen[41].

Was den Afrikanischen Elefant betrifft, konnte hingegen gezeigt werden, dass Buschbrände eine Population um 18 Prozent dezimieren können. Vor allem weibliche Tiere zeigten noch Monate nach dem Feuer Zeichen des Stresses. Unabhängig davon, ob sie Brandwunden hatten oder ob sie unverletzt waren, zeigten sie Änderungen im Verhalten, in der Herdenstruktur, im hormonalen Stresslevel, und sie mieden Gegenden im Park, wo Touristen Zutritt hatten. Auch wurden in der Zeit nach dem Feuer vermehrt Kälber allein beobachtet, und sie fielen öfter Raubtieren zum Opfer[42].

Tiere sind evolutiv an Feuer angepasst und nehmen es mit verschiedenen Sinnen wahr, um eine Fluchtreaktion zu initiieren. Ein Feldexperiment an der Elfenbeinküste zeigte, dass Frösche auf das Geräusch von Feuer reagieren! Dafür wurden Riedfrösche in ihrem natürlichen Habitat aufgesucht, ein Lautsprecher vorsichtig in einem Meter Entfernung platziert und verschiedene Geräusche abgespielt, darunter das Knistergeräusch von Flammen[43]. Und tatsächlich flüchteten die schlauen Frösche in schützende Vegetation als Reaktion auf die Feuergeräusche, wohingegen sie bei anderen Geräuschen entspannt sitzen blieben.

Andere Tierarten zeigen die entgegengesetzte Reaktion und wollen zum Feuer hin! Beispielsweise gibt es Käfer, die für ihre Fortpflanzung auf Feuer angewiesen sind. So befällt der auch in Mitteleuropa vorkommende Schwarze Kiefernprachtkäfer in großer Zahl Waldbrandflächen, denn seine Larven sind zur Entwicklung auf frisch abgebranntes Holz angewiesen. Mithilfe eines speziellen Organs können Käfer dieser Gattung Rauch in einer unglaublichen Entfernung von 130 Kilometern wahrnehmen[44].

Während und direkt nach einem Brand geht es für Wildtiere um das nackte Überleben. Danach steht die Erholung der Population im Vordergrund. Und die beruht in den meisten Fällen auf der Wiederbesiedlung durch die Überlebenden in dem abgebrannten Gebiet und nur weniger durch Individuen, die von außerhalb der Brandzone einziehen[45]. Die Effekte eines Brandes auf Tiergemeinschaften sind nicht nur Tage oder Wochen nach einem Brand nachzuweisen, sondern noch Monate und Jahre. Unglaublich viele Jahre, wie Dale für Reptilien zeigen konnte: Von 17 Reptilienarten waren elf in ihrem Vorkommen innerhalb einer Landschaft von der Feuervergangenheit beeinflusst, und selbst nach hundert Jahren waren noch Folgen nachzuweisen[46]!

Auch die Verbreitung von Kleinsäugern nach Buschbränden untersuchte Dale mit Kollegen nach einem ähnlichen Muster. Sie nutzten ein Mosaik aus Vegetationsmustern mit unterschiedlicher Feuervergangenheit aus den letzten 50 Jahren[47]. So konnten sie nachweisen, dass zwei Jahre nach einem Feuer erst mal eingeschleppte Nagetiere überwiegen, was sich nachteilig auf ein Ökosystem auswirkt. Fünf Jahre nach einem Brand erholen sich die ersten einheimischen Kleinsäugerarten, meist mit einem Maximum nach 10 bis 20 Jahren.

Beim Kleinen Kurznasenbeutler, über den ich im australischen Perth meine Diplomarbeit geschrieben habe, wurden die meisten Exemplare in einem Gebiet nachgewiesen, in dem es seit 50 Jahren nicht gebrannt hat. So haben verschiedene Tierarten sehr individuelle Antworten auf ein Brandereignis in ihrem Lebensraum. Die Zeit, die eine Population zur Erholung benötigt, variiert abhängig von Lebensweise, Habitat-Ansprüchen und der Anwesenheit von Fressfeinden. Aufgrund der abgebrannten Vegetation sind mögliche Verstecke stark reduziert, und damit wächst die Gefahr durch Raubtiere und Greifvögel.

Die Reaktion von Raubtieren auf Feuer spielt eine wichtige Rolle für das gesamte Ökosystem. Daher nimmt Dale mit seinem Team den Rotfuchs genauer unter die Lupe. Hundert kleine Wildtierkameras in wetterfesten Gehäusen werden in der Landschaft angebracht und von einem Bewegungssensor ausgelöst. Läuft ein Tier an der Kamera vorbei, wird automatisch ein 15 Sekunden langes Video aufgenommen. Dank Infrarotlicht funktioniert das tagsüber und nachts. Vor den Kameras werden Duftköder in fresssicheren Behältern ausgelegt: In Thunfischöl getränkte Tücher sollen die scheuen Tiere vor die Kameras locken. Zusätzlich wird nach Spuren gesucht. Die Landschaft im Untersuchungsgebiet wird genau analysiert, damit verschiedene Vegetationstypen sowie Feuerkategorien einbezogen werden. Die Ergebnisse zeigen keinen Unterschied im Fuchsvorkommen zwischen den Untersuchungsgebieten[48]. Der Fuchs kommt in allen Gebieten in gleicher Dichte vor, unabhängig von Landschaftstyp und Feuervergangenheit.

Für die einheimische Tierwelt bedeutet das nichts Gutes, denn der Rotfuchs ist eine in Australien eingeschleppte Tierart. Zusammen mit der Katze ist er hauptverantwortlich für das große Artensterben unter den einheimischen Kleinsäugern. Darin unterscheidet sich Australien übrigens von anderen Ländern, in denen Habitat-Verlust und Wilderei die Hauptgründe für das Artensterben sind. Auch Katzen lassen sich nicht von Feuer abschrecken. Ganz im Gegenteil, sie wissen von der leichten Beute während und nach einem Buschbrand. Es konnte gezeigt werden, dass Katzen ihr normales Revier verlassen und für die Jagd in bis zu zwölf Kilometer entfernte Brandgebiete ziehen[49]. Während nun also kleine Tierarten nach einem Brand mit viel Mühe versuchen, sich in ihrem Lebensraum wieder zu etablieren, wird ihnen das durch eine erhöhte Anwesenheit von Raubtieren zusätzlich erschwert.

Und die Gefahr für Kleinsäuger und Reptilien nach einem Feuer lauert nicht nur am Boden, sondern auch in der Luft. Eine Studie in der US-amerikanischen Prärie zeigt ein vermehrtes Vorkommen von Greifvögeln in Gebieten von kontrollierten Bränden, allen voran der Präriebussard. Bis zu sieben Mal häufiger als sonst zieht es Bussard und Co. in die verbrannten Gebiete, und sie bleiben dort für Wochen und Monate in höherer Dichte, wohl wissend um die leichte Beute nach einem Brand aufgrund fehlender Deckung[50]. Manche Greifvögel in Australien treiben es noch weiter und tragen aktiv zur Ausbreitung des Feuers bei: Dafür greifen sie einen brennenden Stock aus dem Feuergrenzgebiet und lassen ihn in einem anderen Bereich wieder fallen, um dort einen neuen

Buschbrand auszulösen und dann die fliehenden Tiere zu fangen. Schwarzmilan, Keilschwanzweihe und Habichtfalke wurden bei diesem Verhalten beobachtet. Diese Ergebnisse resultieren aus einer ethnoökologischen Studie in Zusammenarbeit mit indigenen Gemeinschaften im Norden Australiens[51]. Für sie sind entsprechende Beobachtungen ein alter Hut und Teil der Jagdzwecke.

KONT ROLLE
Für viele indigene Gemeinschaften ist das Legen von kontrollierten Feuern integraler Teil der Landschaftsnutzung und des Jagdzweckes. Dale und Kolleg:innen konnten in einer Studie in der abgelegenen Pilbara-Region in Westaustralien zeigen, dass indigen verwaltete Gebiete eine höhere Diversität einheimischer Fauna sowie einen Rückgang invasiver Arten aufweisen[52]. In der Gegend um die Ortschaft Parnngurr leben die Martu, die sich aus vier verschiedenen linguistischen Gruppen zusammensetzen. Durch gewissenhaftes Nutzen von Feuer schaffen sie Landschafts-Mosaike, die die natürliche Flora und Fauna unterstützen. Davon profitiert beispielweise der Dingo. Australiens größtes Raubtier erreichte den Kontinent vor 4000 Jahren und zeigt in vielen Gegenden eine enge Bindung zur indigenen Bevölkerung. Er ist ein Totem der Martu. Der Dingo reduziert die Anzahl von Katzen und Füchsen und schützt dadurch einheimische Kleinsäuger.

Heute sind global 1000 Tierarten durch eine veränderte Feuerökologie in ihrem Lebensraum bedroht. Die Gründe für diese Änderungen sind vielseitig, doch Dale und Kolleg:innen nennen die Vertreibung der indigenen Bevölkerungen und den Klimawandel als die Hauptgründe. Gerade in Australien werden immer mehr Stimmen laut, vermehrt auf das indigene Wissen im Umgang mit Feuer zu bauen[53]. Wenn Landschaften evolutiv an indigenen Feuergebrauch angepasst sind, kann ein Feuerverbot negative Auswirkungen auf die Biodiversität haben, wie Untersuchungen aus Brasilien zeigen[54]. Denn Feuer ist an sich nichts Schlechtes, es muss nur wissend gelenkt und bewusst eingesetzt werden.

Auch in Deutschland werden kontrollierte Brände durchgeführt, um Habitat zu erhalten. Notwendig ist das unter anderem bei Heidegesellschaften, die als Kulturlandschaft bei nachlassender Nutzung überwuchern und gestört werden. Ein Beispiel ist die Morsumer Heide auf Sylt, die 2500 Tierarten und 150 Pflanzenarten beheimatet. Sie ist traditionell auf eine Verjüngung angewiesen, die durch das Heidebrennen erreicht wird. Ein verbesserter Umgang mit Feuer ist weltweit auf zwei Ebenen wichtig: Erstens für die Ausarbeitung von Schutzstrategien angesichts der weltweit zunehmenden Waldbrände und zweitens für den Einsatz von Feuer als nützlichem Werkzeug im Biodiversitäts-Schutz, basierend auf traditionellem Wissen der Feuerökologie.

Eine Zunahme von Wald- und Buschbränden gibt es nicht nur in heißen Gegenden. Auch in Mitteleuropa steigt die Zahl der Brände. In Deutschland gab es während der extremen Hitzewelle im Jahr 2003 großflächige Feuer. Damals brannte eine um 25 Prozent größere Fläche als normalerweise in einem Sommer[55]. Tendenziell sind alle Gebiete Deutschlands von einer erhöhten Brandgefahr betroffen. Besonders gefährdet sind jedoch die auf sandigen Böden wachsenden Nadelwälder im Nordosten Deutschlands. In den Alpen und im Alpenvorland ist dagegen die Feuergefahr am geringsten.

AB SCHIED

Wir schreiben den 15. März 2020. Im Botanischen Garten Albury findet heute die monatliche Live-Musik-Veranstaltung statt, umsonst und draußen. Wir haben uns auf der schattigen Seite der großen Wiese mit Freunden verabredet und breiten dort unsere Picknickdecke aus. Vorn spielt eine Band, die Kinder düsen in einer wilden Schar durch das Dickicht, und wir Erwachsenen genießen ein Bier und quatschen in Ruhe. Dale und seine Frau Kat sind auch gekommen. Der Bericht für das Umweltministerium sei abgeschlossen, erzählt Dale, nun bleibt zu hoffen, dass die Gelder für die notwendigen Artenschutzprogramme genehmigt werden. Die lange Brandsaison ist endlich vorbei, nachlassender Wind und Regen bringen den Feuerwehrleuten vor Ort die nötige Unterstützung für das Löschen der letzten Flammen. Der Himmel ist blau, die Sonne strahlt, und die Luft ist wieder rein. Irgendwie ist alles wie immer, und die Tage im Rauchnebel erscheinen unwirklich. Die Feuer-App und die Rauch-App sind von den Smartphones verschwunden. Ersetzt werden sie durch eine neue App, die COVID-19-App. Denn dieses Treffen im Park ist auch ein Abschied für die kommenden Monate. Selbst wenn Kontaktbeschränkungen und Grenzschließungen erst in einer Woche zwingend werden, so wollen wir und unsere Freunde schon ab morgen in unseren Häusern verschwinden, um die Kurve der Coronavirus-Neuinfektionen abzuflachen.

Die Welt des Fernunterrichts, der Zoom-Sitzungen, der Entschleunigung und der abgesagten Besuche erwartet uns. Im Nachhinein war die Zeit in den Rauchwolken fast so etwas wie eine Generalprobe für die Pandemie: Einigeln – das können wir.

Kapitel 2

Energie –
Was Tiere zum Leben brauchen

Wir springen ein paar Jahre zurück. Es ist 2006, und wir befinden uns in Broken Hill, Australien. Ein letzter Stopp. Im Supermarkt die lange Einkaufsliste abarbeiten, für ein paar Kleinigkeiten in den Baumarkt, anschließend volltanken, und weiter geht die Fahrt. Wir verlassen den alten Bergbauort in Richtung Südosten, fahren zwischen den rotleuchtenden Hügeln hindurch, bis sich die weite Ebene vor uns erstreckt. Zwei Tage sind wir schon unterwegs, nun trennen uns nur noch knapp zwei Stunden von unserem Zuhause für die kommenden neun Wochen. Endloser Horizont, ein malerischer Sonnenuntergang und keine Menschenseele weit und breit.

Dann geht es von der befestigten Straße ab und hinein in den Kinchega Nationalpark. Jetzt heißt es besonders vorsichtig fahren. Erstens ist der Weg holprig und sandig. Zweitens ist es schon fast dunkel, und immer mehr Kängurus sind unterwegs. Und die lieben es, am Straßengraben genüsslich die Unkräuter zu fressen und dann im allerletzten Moment aus dem Lichtkegel der Scheinwerfer in eine völlig willkürliche Richtung zu springen. Neben mir im Auto sitzt Possum-Jamie, wir kennen uns erst seit ein paar Tagen. Er wird mich bei der Feldarbeit für meine Dissertation über die Überlebensstrategien von Beutelmäusen unterstützen und sich gleichzeitig mit den Methoden der Freilandforschung vertraut machen, bevor er seine eigene Doktorarbeit beginnt. Gemeinsam halten wir angestrengt Ausschau nach Schlaglöchern und Umrissen von Tieren am Straßenrand. Endlich erreichen wir die Feldstation, die früher als Unterkunft für Saisonarbeiter bei der Schafschur diente und heute von der Nationalparkbehörde verwaltet wird. Wir verschaffen uns im Dunkeln eine erste Übersicht: eine Küche mit großem Holztisch, einfache Metallbetten in kleinen, kargen Räumen und öffentliche Toiletten auf der anderen Seite der Station. Wir packen die Einkäufe aus – hoffentlich reichen die Vorräte für mindestens vierzehn Tage, denn bei schlechtem Wetter wird der Feldweg kurzfristig und ohne Vorwarnung geschlossen. Dann kriechen wir endlich völlig erschöpft in unsere Schlafsäcke.

SEE BETTEN

Am kommenden Morgen erkunden wir die Gegend. Schön ist es hier. Der Nationalpark bietet ein einmaliges Landschaftsbild, geprägt von dem Fluss Darling River, der sich zwischen majestätischen Redgum Eukalyptusbäumen entlangschlängelt, und den Seen, die mehr weg sind, als dass sie da sind. Nur alle paar Jahre verwandelt sich die ganze Gegend in eine glitzernde Seenlandschaft, sonst liegen die Seebetten trocken. Und das ist gut so, denn die Pflanzen und Tiere brauchen die Trockenperioden zwischendurch, um sich von dem Wasser zu erholen. Hier und da bewachsen Grassträucher die Ebenen, vereinzelt stehen abgestorbene Bäume, die mit ihren kahlen, knorrigen Ästen in den so weiten Himmel greifen. Von den tierischen Bewohnern ist tagsüber fast nichts zu sehen, abgesehen von Emus und Greifvögeln. Auch die winzigen Beuteltiere, die ich hier erforschen möchte, schlafen derzeit tief und fest: die Dickschwänzige Schmalfußbeutelmaus und die Giles-Flachkopfbeutelmaus. Die beiden Beutelmausarten lieben trockene Seebetten als Lebensraum. Im Rahmen meiner Dissertation möchte ich ihre Ökophysiologie studieren. Diese Disziplin verbindet die Ökologie – *wie verhält sich ein Tier in seiner Umwelt?* – und die Physiologie – *wie funktioniert der Körper?* Vereinfacht gesagt möchte ich herauszufinden, mit welchen Tricks diese winzigen Säugetiere hier überleben, wo es nachts sehr kalt wird und nur wenig Nahrung und Wasser zur Verfügung stehen.

Nach einem ersten Eindruck treffen wir uns mit der sehr hilfsbereiten Rangerin, um das größte Problem des Projekts anzugehen: das Fangen dieser zehn Gramm leichten und äußerst scheuen Beutelmäuse in einer so wilden, weiten Landschaft. Wo fängt man da an mit der Suche? Die kleinen Tierchen leben in den Spalten der vor Trockenheit aufgesprungenen Lehmböden, die sich kilometerweit in alle Richtungen um unsere Feldstation ziehen. Ich hatte im Vorfeld meine Hausaufgaben gemacht, die Literatur durchpflügt nach Hinweisen auf das bevorzugte Mikrohabitat der Tiere, das bedeutet, welche Vegetation und Bodenart sie favorisieren, und Gespräche mit Kolleg:innen geführt, die mit den Tierarten vertraut sind. Die Rangerin kennt den Nationalpark wie ihre Westentasche und zeigt uns, nachdem ich meine Vorstellungen beschrieben habe, ein paar erfolgversprechende Zonen. Schließlich entscheide ich mich für zwei Fanggebiete, die beide zu Fuß von der Feldstation erreichbar sind. Nun heißt es Fallen stellen.

Wir benutzen zwei Arten von Lebendfallen, erstens unter Büschen versteckte Käfigfallen mit Köder und zweitens lange Krötenzäune, die wir in der Landschaft aufstellen. Die Tiere treffen auf einen Zaun aus Plastikplane und rennen, im Bestreben, das Hindernis zu umgehen, am Zaun entlang, bis sie plötzlich in eine Grube fallen, aus der wir sie dann wieder befreien. Zwei volle Tage sind wir mit dem Graben und Aufstellen von Zäunen beschäftigt. Zum Glück erhalten wir beim Ausheben der Löcher Hilfe von einem der Nationalparkangestellten, der entsprechende Geräte zur Verfügung stellt. Am dritten Tag kann es endlich losgehen, die 100 Fallen stehen bereit. Wir beginnen noch vor Sonnenaufgang mit dem Kontrollieren der Fallen. Dazu teilen wir uns auf, jeder übernimmt ein Fanggebiet. Über ein altmodisches Walkie-Talkie bleiben wir in Kontakt, denn auf Mobilfunkempfang kann man sich hier nicht verlassen.

Nach zwei Stunden kehren wir beide enttäuscht zur Station zurück. Am nächsten Tag das Gleiche. Und am Tag darauf wieder. Zwei Wochen lang ohne Erfolg. Mäuse, Spinnen, Insekten und sogar einen Vogel holen wir tagtäglich aus unseren Fallen, doch die bringen uns nicht weiter. Für meine Forschung brauche ich Beutelmäuse, sonst läuft hier gar nichts. Das Warten ermüdet und lässt Zweifel aufkommen – vielleicht ist die Gegend doch nicht passend, oder die Katzen und Füchse haben inzwischen die Population hier ausgelöscht? In der dritten Woche haben wir endlich Glück und fangen genügend Tiere. Mein Doktorvater Fritz Geiser kommt aus Armidale angefahren, um die Sender anzubringen (und ein paar Flaschen feinen Shiraz hat er wie immer auch im Gepäck!). Wir lassen die Tiere wieder frei, und dann heißt es endlich Daten sammeln, die sich alle um das Thema Energie drehen.

ENERGE TISCH
Energie ist die Währung des Lebens, sie bedeutet Bestehen. Energie zur Fortbewegung, zur Verdauung, zur Fortpflanzung, zur Proteinsynthese und, ganz entscheidend, zur Thermoregulation. Säugetiere und Vögel verbrauchen einen großen Anteil ihrer Energie zum Wärmen oder Kühlen ihres Körpers. Energetisch gesehen sind kleine Tiere im Nachteil, denn klein sein ist »teuer«. Je kleiner ein Säugetier oder Vogel, desto höher ist seine relative Stoffwechselrate. Daher hat eine Maus einen höheren Energiebedarf als ein Elefant, wenn man es pro Gramm Körpergewicht betrachtet.

Unter anderem liegt das am Zusammenspiel von Körpertemperatur und Oberfläche. Wie gesagt sind Säugetiere und Vögel endotherm (gleichwarm) und halten ihre Körpertemperatur auf einem hohen Level, unabhängig von der Umgebungstemperatur. Über ihre Oberfläche verlieren sie jedoch zumeist Wärme an die Umgebung. Daher müssen sie intern Wärme produzieren, um diesen verlorenen Wärmeanteil wieder auszugleichen. Ein kleines Tier hat eine größere Oberfläche als ein großes Tier im Verhältnis zum jeweiligen Volumen. Das ist bei Bällen nicht anders: Ein Tischtennisball hat verhältnismäßig mehr Oberfläche als ein Fußball. Über diese größere Oberfläche geht mehr Wärme verloren. Das ist einer der Gründe, warum Kleinsäuger und kleine Vogelarten viel fressen müssen. Für nachtaktive Arten gilt dies besonders, denn je kälter es ist, desto höher ist der Wärmeverlust. Und hier im australischen Outback wird es im Winter nachts oft frostig, daher sind meine kleinen Beutelmäuse eifrig damit beschäftigt, nachts umherzujagen auf der Suche nach krabbelnden Energiequellen.

Die Kombination von Klein-Sein, nächtlicher Kälte und anstrengender Jagd kann einen Kleinsäuger schnell an seine Grenzen bringen. Viele Arten haben daher einen besonderen Trick auf Lager: Torpor. In diesem physiologischen Zustand werden die Körperfunktionen heruntergefahren. Die Verteidigung der normalen Körpertemperatur wird freiwillig aufgegeben und nähert sich der Umgebungstemperatur. Auf diese Weise können Tiere ihren Energieverbrauch stark reduzieren. Unsere Beutelmäuse verbringen im Winter etwa 16 Stunden am Tag im Torporzustand. Sie gehören zu den Tierarten, bei denen der Zustand nicht länger als einen Tag dauern kann, man spricht hier von Tagestorpor oder Daily Torpor. Andere Arten können monatelang torpid sein, unterbrochen nur von einer kurzen Aufwärmphase alle paar Wochen. Die Rede ist dann von Winterschlaf oder Hibernation, was aber keinesfalls auf den Winter oder auf kalte Lebensräume beschränkt ist – und schlafen tun die Tiere in diesem Zustand auch nicht! Ob Tagestorpor oder Winterschlaf, der physiologische Zustand ist dabei fast gleich, unterscheidet sich aber in der Ausprägung[56]. Der Energieverbrauch kann dabei um unglaubliche 99 Prozent reduziert werden!

Ein Viertel bis die Hälfte aller Säugetiere kann Torpor nutzen. Die Ausprägung der Torpor-Muster variiert je nach Tierart, Habitat, Jahreszeit, Nahrungs- und Wasserangebot und vorherrschenden Umweltbedingungen. Einige Arten nutzen Torpor nur als seltene Notfallstrategie, andere verbringen regelmäßig einige Stunden pro Tag in diesem Zustand, wieder andere sind in ihrem Leben mehr torpid als aktiv. Nicht nur Säugetiere, auch Vögel nutzen Torpor. Hier überwiegt jedoch der Tagestorpor, Winterschlaf wurde bisher nur bei einer Vogelart gefunden. Auch bei Vögeln kann Torpor durch verschiedene Faktoren ausgelöst werden wie Temperatur oder Nahrungs- und Wassermangel. Sehr kleine Vögel wie Kolibris nutzen Torpor während der Vorbereitung auf körperlich anstrengende Aktivitäten wie ihre jährlichen Zugbewegungen[57]. Ein nur drei Gramm leichter Kolibri namens Rotrücken-Zimtelfe legt jährlich eine unglaubliche Zugbewegung von über 3000 Kilometer zurück!

Torpor ist der effektivste Weg für Wildtiere, ihren Energiebedarf drastisch zu senken. Und in einem Tierleben dreht sich nun einmal alles um Energie. Energie kann nie neu entstehen, sie wird immer nur umgewandelt. Im tierischen Körper können zwar energieärmere Stoffe zu energiereicheren Verbindungen assimiliert werden, doch die Energie muss zuerst von außen zugeführt werden. Der Ursprung dieser Energie ist Nahrung, die die Tiere fressen und die durch den Prozess der Verdauung in den Körper aufgenommen und in eine speicherbare Form umgewandelt wird. Vegetarier bedienen sich direkt über die in Pflanzen gespeicherte Energie, Fleischfresser machen den Umweg über ein anderes Tier.

ENT DECKUNG

Tagtäglich sind wir auf der Suche nach den Sendesignalen der Beutelmäuse in der Weite des Outbacks. Dazu nutzen wir einen Radioempfänger in einer Umhängetasche und eine Antenne. Haben wir ein Tier geortet, bauen wir in der Nähe des Nestes eine kleine Messstation auf, die dann alle zehn Minuten Daten speichert. Auf diese Weise untersuchen wir das Torporverhalten der Beutelmäuse. Die Sender verraten nämlich nicht nur den Ort des Tieres, sondern auch seine Körpertemperatur. Je wärmer das Tier ist, desto schneller piept das Sendesignal. Die Dauer zwischen zwei Sendesignalen lässt genau auf die aktuelle Temperatur schließen. Dafür haben wir jeden Sender vor dem Anbringen mithilfe von Thermometer, Stoppuhr und Wasserbad kalibriert. Ein Sender kommt ins Wasserbad, und wir messen die Zeit zwischen zwei Sendesignalen bei verschiedenen Wassertemperaturen. So erstellen wir eine sogenannte Kalibrierungskurve mit beschreibender Gleichung, die die exakte Temperaturmessung im Feld ermöglicht.

Eines Morgens laufe ich durch das Untersuchungsgebiet auf der Suche nach einer Beutelmaus. Als ich mich ihrem Nest nähere, um die Sendestation zu überprüfen und die darauf gespeicherten Daten herunterzuladen, bleibe ich plötzlich wie angewurzelt stehen. Träume ich? Ich hole langsam mein Fernglas aus dem Rucksack, um mich zu vergewissern. Ja, dort kriecht sie tatsächlich langsam aus dem Eingang einer Erdspalte und platziert sich in der Sonne. Warum ist sie nicht in ihrem sicheren Nest unter der Erde? Ja, warum sollte ein kleines nachtaktives Tier tagsüber draußen sein und in der Sonne baden?

Beim Sonnenbaden oder Basking denkt jeder sofort an Reptilien wie Echsen, Schildkröten oder Schlangen. Als ektotherme Tiere sind sie auf Wärmequellen aus der Umwelt angewiesen, sei es Sonnenstrahlung oder ein warmer Untergrund. Basking muss jedoch auch für endotherme Vögel und Säugetiere Vorteile haben, denn Tiere verringern ihre Überlebenschance, indem sie ihr schützendes Nest verlassen. Wie unsere kleine Beutelmaus, die zu dieser Tageszeit den Lehrbüchern nach eigentlich in ihrem sicheren Bau sein sollte, anstatt in der Sonne badend eine leichte Beute für Raubtiere zu sein. Und der Vorteil ist Energie.

Während im Torpor-Zustand kaum Energie verbraucht wird, so ist das anschließende Aufwärmen auf die normale Körpertemperatur so »teuer«, dass ein Großteil der Ersparnisse dabei wieder zunichtegemacht wird. Daher suchen Tiere Wege, die Aufwärmkosten zu reduzieren. Und genau das macht die kleine Beutelmaus, denn eine Messung mit meinem Empfänger verrät, dass sie torpid ist, mit einer sehr niedrigen Körpertemperatur von nur knapp 14 °C. Dennoch konnte sie aus ihrem etwa einen Meter tief gelegenen Nest klettern! Ich kann verfolgen, wie ihre Körpertemperatur auf das normale Niveau ansteigt, während sie ihr Sonnenbad genießt[58]. Innerlich jubele ich vor Freude, denn es gibt hier gleich zwei Besonderheiten: Erstens ist eine kontrollierte Bewegung bei einer so geringen Körpertemperatur für Säugetiere eine Meisterleistung und wurde im Freiland bisher äußerst selten beobachtet. Zweitens wurde Basking während einer Torpor-Aufwärmphase zuvor erst für eine andere Tierart mit physiologischen Daten dokumentiert.

Ein nachtaktives Tier kriecht kalt aus seinem Nest, um sich in der Sonne aufzuwärmen, und stellt damit die ganze Torpor-Energiebilanz auf den Kopf! Durch das Sonnenbad bekommt es die sonst so »teure« Aufwärmphase fast umsonst. Auch die anderen Beutelmäuse können wir in den Folgetagen beim Sonnenbad beobachten[59]. Es handelt sich bei der zufälligen Beobachtung demnach nicht um einen Einzelfall, sondern um eine Strategie zum Energiesparen. Das Zusammenspiel von Torpor und Basking wird somit ungeplant der zentrale Aspekt meiner Dissertation. Forschung braucht Zeit und Freiheiten, um genau beobachten und auch Unerwartetes außerhalb des Forschungsprotokolls sehen zu können. Viele Tiere sind für passives Aufwärmen bekannt, indem sie das Ende einer Torpor-Phase mit steigenden Umgebungstemperaturen in ihrem Nest koordinieren und somit die Kosten reduzieren. Aber das direkte Sonnenbad torpider Tiere ist noch eine deutliche Steigerung dieser Strategie.

THERMO NEUTRAL

Auch mit normaler Körpertemperatur lohnt sich das Sonnenbad. Durch die Strahlenwärme können Tiere ihre sogenannte Thermoneutralzone vergrößern. Darunter versteht man den Umgebungstemperatur-Bereich, in dem der Energiebedarf eines Säugers oder Vogels am geringsten ist. Die Thermoneutralzone ist stark vom Lebensraum geprägt. Bei einer arktischen Art wie dem Polarfuchs kann es weit unter 0 °C sein, bevor das Tier seine Thermoneutralzone verlässt, bei einem Tropenbewohner wie dem Faultier hingegen über 25 °C. Die Thermoneutralzone kann auch innerhalb eines Jahres stark variieren.

Die Grenzen der Thermoneutralzone werden die »untere kritische Temperatur« und die »obere kritische Temperatur« genannt. Erst wenn die Umgebungstemperatur unter die untere kritische Temperatur fällt, muss das Tier seine innere Heizung anwerfen, um die Körpertemperatur zu verteidigen. Und das bringt uns wieder zum Basking, denn in der Sonne badend bleibt der Energieverbrauch auch bei Temperaturen weit unterhalb der unteren kritischen Temperatur minimal. Bis zu 20 °C kann die Thermoneutralzone ausgeweitet werden, wodurch der Tagesenergiebedarf stark sinkt. Das bedeutet für Tiere, weniger fressen zu müssen und weniger das schützende Nest verlassen zu müssen, wodurch das Risiko des Gefressen-Werdens sinkt. Nicht nur Säugetiere, auch Vögel werden häufig beim Basking beobachtet.

Vögel haben einen vergleichsweise hohen Energieverbrauch durch die Kombination von ihrer hohen Körpertemperatur um die 40 °C, ihrem kleinen Körper und ihrer energetisch teuren Fortbewegungsweise. Besonders Kälte setzt ihnen zu – ein kleiner Singvogel kann in einer kalten Winternacht bis zu 15 Prozent seines Körpergewichts verlieren. Von Spatz bis Geier – zahlreiche Vogelarten der unterschiedlichsten Größe und Zugehörigkeit sind in der Fachliteratur beim Sonnenbad beschrieben worden. Erstaunlicherweise ist man sich über die funktionelle Signifikanz dieses Verhaltens nicht einig! Ende der 1960er Jahre wurde der positive Einfluss auf den Energiehaushalt bewiesen, denn auch Vögel vergrößern ihre Thermoneutralzone durch Basking erheblich. Der positive Effekt ist nicht nur von der Umgebungstemperatur abhängig, sondern auch von Strahlungsintensität, Wolkenbedeckung und Windstärke.

Allerdings gibt es viele Vogelarten, die beim Sonnenbad wie verrückt hecheln, sie setzen sich dabei unter thermischen Stress. Dies legt die Vermutung nah, dass ihnen der Energiehaushalt völlig schnuppe ist und sie ihr Gefieder gezielt aufheizen wollen. Damit verfolgen sie einen ganz anderen Zweck: das Entfernen von Ektoparasiten. Unerwünschte Untermieter wie etwa Läuse können durch Strahlung und Hitze getötet werden[60]. Bei einigen Vogelarten scheint wiederum die Dauer des Basking-Verhaltens nicht ausreichend zu sein, um das Gefieder genügend aufzuheizen. Die Beweggründe sind von Art zu Art verschieden, abhängig von Körpergröße, Gefiederfarbe, Umweltfaktoren und Nahrungsvorkommen.

TOR POR

Was haben Energie, Torpor, Sonnenbad und Tierphysiologie denn mit dem Artensterben zu tun und wann kommen wir endlich wieder zum Klimawandel, könnten Sie sich an dieser Stelle fragen. Doch die Anpassungen einzelner Tierarten an ihren Lebensraum stehen im Zentrum der Frage, wie die Klimaerwärmungen unsere Tierwelt verändern. Die tierphysiologische Forschung in den Teilgebieten der Vergleichenden Tierphysiologie und Ökophysiologie beschäftigt sich mit dem Einfluss von Temperatur, Energie und Wasser auf die Funktionen einer Art. Das individuelle Tier steht hier im Vordergrund. Mit dem Blick auf seinen Lebensraum und durch Vergleiche mit anderen Arten versuchen wir, physiologische Mechanismen zu verstehen.

Indem wir untersuchen, wie ein Tier mit Änderungen in seiner Physiologie auf Umwelt-Stressoren reagiert, können wir Vorhersagen für die Zukunft wagen. Auch dürfen wir die Vergangenheit nicht aus den Augen verlieren, denn die Ausprägung eines Merkmals kann auch die Anpassung an einen früheren Lebensraum widerspiegeln. Während meiner Zeit an der Universität Hamburg haben meine befreundete Kollegin Kathrin Dausmann und ich genau das für die Torpor-Muster madagassischer Lemuren zeigen können, veröffentlicht in der Fachzeitschrift »Physiology« im Jahr 2016[61]. Mit dem Verständnis eines Merkmals können wir seine Bedeutung für eine erfolgreiche Anpassung in einer sich erwärmenden Welt besser beurteilen.

Von Torpor zum Klimawandel ist es in der Tat nicht weit, da dieser Energiesparmodus den Umgang mit Extremereignissen erleichtert. Denn Torpor ist einerseits ein normales, tägliches Werkzeug für einen ausgeglichenen Energie- und Wasserhaushalt, wie wir bei unseren Beutelmäusen sehen. Andererseits ist es eine wirkungsvolle Antwort auf plötzliche, unvorhergesehene Engpässe von Nahrung oder Wasser in einem Lebensraum. Ob Brände, Hitze, Dürre, Sturm oder Überschwemmungen – Torpor hilft Tieren beim Überleben.

Wie im vorigen Kapitel besprochen ist für Tiere das Ertragen eines Buschbrands erst die halbe Miete. Danach fängt die wirkliche Herausforderung an: in einem stark veränderten Habitat zu überleben. Ohne Vegetation und Insekten gibt es plötzlich kaum Futter. Fritz Geiser, mein eben erwähnter Doktorvater, ist Professor für Zoologie und erforscht seit vielen Jahrzehnten das Torpor-Verhalten von Wildtieren. Auch das Zusammenspiel von Torpor und Feuer hat er in einer ganzen Reihe von Studien untersucht[62]. Bodenlebende Kleinsäuger können sich zwar vor den Flammen verstecken, müssen aber anschließend einen Energieengpass überleben. Durch die Kombination von Torpor und Basking verringern sie ihren Bedarf und können die ersten Tage und Wochen mit sehr wenig auskommen. Auf diese Weise erhöhen sie zusätzlich ihre Überlebenschancen, indem sie weniger Zeit mit der Nahrungssuche verbringen müssen und somit das Risiko des Gefressen-Werdens in einer kargen Landschaft reduzieren. Schon die Anwesenheit von verbranntem Material wie Holzkohle kann das Vorkommen von Torpor bei kleinen Beuteltieren in Gefangenschaft erhöhen. Fledermäuse hingegen nutzen nach einem Feuer weniger Torpor, eventuell profitieren sie von besseren Flugbedingungen und aufgestörten Fluginsekten.

Die frühzeitige Wahrnehmung von Rauch kann über Leben oder Tod entscheiden. Doch können torpide Tiere Feuer überhaupt wahrnehmen, wo dieser Zustand sich eigentlich durch eine verringerte Antwort auf externe Stimuli auszeichnet? Das Torpor-Team um Fritz Geiser fand heraus, dass kleine Fledermäuse und Beuteltiere selbst im tiefen Torporzustand Rauch wahrnehmen können. Torpide Fledermäuse erhöhen als Antwort auf qualmende Eukalyptusblätter ihre Atem- und Herzschlagfrequenz. Die Reaktion ist temperaturabhängig: Je kälter es ist, desto zeitlich verzögerter setzt die Reaktion ein, vor allem unterhalb von 15 °C[63]. Da Buschbrände natürlicherweise bei sommerlicher Hitze entstehen, ist das an sich nicht bedenklich. Torpor wird dann eh weniger genutzt, und die Temperatur fällt kaum unter 15 °C, die Tiere können auf den Rauch gut reagieren. Gefährlich wird es allerdings, wenn kontrollierte Brände gelegt werden, denn das geschieht meist bei niedrigen Temperaturen, um ein ungewolltes Ausbreiten der Flammen zu verhindern. Für Fledermäuse und andere Kleinsäuger im Torporzustand kann es jedoch fatal sein, weil sie dann eine zu lange Reaktionszeit haben, um den Flammen zu entgehen.

Torpor wird auch als Antwort auf Wassermangel und hohe Temperaturen genutzt. Wenn Stoffwechsel und Körpertemperatur auf Minimalflamme gestellt werden, dann sinkt auch der Wasserverbrauch stark ab. Viele kleine Nagetiere, Fledermäuse und Beuteltiere zeigen Tagestorpor bei Trockenheit und Hitze[64]. Winterschlaf kann dazu dienen, die Trockenzeit zu überstehen. Ein erstaunliches Beispiel für ausgeprägten »Winterschlaf ohne Winter« finden wir bei Primaten im warmen Madagaskar. Kathrin Dausmann konnte gemeinsam mit Kollegen zeigen, dass kleine Lemuren bis zu sieben Monate im Jahr im Torporzustand verbringen als

Antwort auf die Trockenzeit[65]. Auch wenn es zu nass wird, kann Torpor helfen: die Gold-Stachelmaus kann beispielsweise torpid Überschwemmungen überleben[66]. So ist Torpor eine Art Universal-Antwort auf raue, unwirtliche und unvorhersehbare Umweltbedingungen sowie auf Engpässe bei Nahrung und Wasser.

ZEIT VERSCHIEBUNG

Eines Morgens koche ich mir in der Kinchega-Feldküche einen Tee, um mich nach einer frostigen Nacht etwas aufzuwärmen. Sich bei Minusgraden in einem unbeheizten Zimmer aus dem Schlafsack zu zwängen, gehört definitiv nicht zu den Highlights der Feldarbeit! Da kommt Jamie herein und sieht blass aus. Er erzählt, dass er gerade habe duschen wollen, als im Badezimmer eine Überraschung auf ihn wartete. Eine riesige Blutlache hatte sich dort ausgebreitet. Über der Blutlache hing ein totes Wildschwein. Ein Gespräch mit einem der sehr sporadischen Besucher des Nationalparks bringt schnell Aufklärung. Das Tier sei ihm am Vortag vor das Auto gerannt, und er will es nun ausbluten lassen, bevor es seine Hunde zu fressen bekommen. Im Outback ist eben vieles anders. Kopfschüttelnd packe ich meine Trackinggeräte und mache mich auf den Weg zu meinen Beutelmäusen.

Der Himmel ist rosa gezeichnet, die Sonne lugt gerade über den Horizont. Wie wunderbar sind die Stille und Einsamkeit in den weiten Ebenen. Als ich beim Fanggebiet ankomme, nehme ich meinen Radioempfänger, um die spezifische Frequenz des ersten Tieres einzugeben. Nach einer halben Stunde kann ich die kleine Beutelmaus an einer neuen Stelle lokalisieren. Ich markiere den Ort, notiere die GPS-Daten, stelle die mobile Messstation auf und mache eine Temperaturmessung. Anschließend suche ich mir eine geschützte Stelle in der Nähe, um in den kommenden Stunden das Basking-Verhalten zu beobachten. Beginn, Verlauf und Ende des Sonnenbads werden genau dokumentiert. Das wirft mehr Fragen auf, als dass es Antworten bringt, und ich kann es kaum erwarten, die physiologischen Feinheiten dieses Verhaltens unter kontrollierten Bedingungen genauer zu untersuchen.

Doch erst mal heißt es, in der verbleibenden Zeit hier im Feld noch so viele Daten wie möglich zu sammeln. Wir verbringen die Tage bei den Beutelmäusen mit Messungen und Beobachtungen, rotieren zwischen Nestern und Fanggebieten, um gleichmäßige Datensätze zu erstellen. Die Nächte verbringe ich in Decken gehüllt vor einem winzigen alten Fernseher ausharrend, denn die Fußball-WM 2006 ist im vollen Gange, und durch die Zeitverschiebung von acht Stunden laufen die Spiele zu unwirtlichen Zeiten. Während ich alleine, frierend und hundemüde mit der betagten Faltantenne kämpfe, um den Empfang zu verbessern, schicken mir meine Freunde freudetrunkene SMS aus dem Sommermärchen in Frankfurt. Ein hoher Preis für die Forschung! Tage und Wochen vergehen nach diesem Muster der langen Tage und kurzen Nächte. Nach neun Wochen im Kinchega-Nationalpark fahren wir erschöpft und zufrieden nach Hause, mit einem Haufen spannender Daten im Gepäck.

Zurück in Armidale mache ich mich daran, die im Feld

gemachten Beobachtungen mit zusätzlichen Daten zu untermauern. Denn die Verbindung von Basking und Torpor ist kaum erforscht, und ich möchte den Feinheiten des Sonnenbads beim torpiden Tier auf die Schliche kommen. Dazu führe ich ähnliche Untersuchungen durch wie Jamie bei den Possums im vorigen Kapitel. Ich biete torpiden Tieren die Möglichkeit zum Basking, während ich Sauerstoffverbrauch, Körpertemperatur und Verhalten aufzeichne. Die Bedingungen im Freiland versuche ich, so gut ich kann, nachzuempfinden: Die Tiere haben die Wahl, ob sie im geschützten Rückzugsort bleiben oder unter eine Wärmelampe laufen möchten, die Lufttemperatur beträgt 15 °C, entsprechend der Nesttemperatur im Freiland, und eine Wärmelampe leuchtet von 9 bis 14 Uhr, wiederum entsprechend der Zeit, in der die Sonne in Kinchega auf die Erdspalten fiel.

Viele weitere anstrengende Wochen vergehen. Nächtliche Messungen gepaart mit vollgestopften Tagen, an denen ich Geräte eiche und kalibriere, Tiere füttere, Gehege säubere, Daten auswerte und den Unialltag bewältige mit Seminaren und Kursbetreuung. Da heißt es erst mal: Ade, Feierabend und Wochenende! Doch der Aufwand wird belohnt, denn ich kann hier unter kontrollierten Bedingungen untermauern, was ich im Feld beobachtet habe. Die Beutelmäuse nutzen Torpor bis zu 16 Stunden und bleiben dabei auf der geschützten Seite des Behälters. Morgens kommen die Tiere torpid unter die Wärmelampe gekrochen. Dort erwärmen sie sich passiv, denn der erste Teil der Aufwärmphase geschieht fast ohne Änderung im Sauerstoffverbrauch[67]. Durch die Kombination von Torpor und Basking wird der Tages-

Energieverbrauch um 64 Prozent reduziert. Dies scheint eine ausreichende Anpassung zu bieten für das Leben in ihrem extremen Habitat, denn weitere physiologische Besonderheiten können wir nicht finden, etwa im Wasserhaushalt oder bei der Atmung.

Andere Kleinsäuger machen ebenso Gebrauch von der Kombination von Torpor und Basking. Beispielsweise machte Fritz Geiser gemeinsam mit Thomas Ruf, Claudia Bieber und weiteren Wildtierexpert:innen aus Wien ähnliche Untersuchungen mit einem kleinen Hamster. Der Dsungarische Zwerghamster ist im Winter schneeweiß und im Sommer dunkel gefärbt. Torpide Hamster bewegen sich ebenfalls zu einer Wärmelampe und reduzieren dadurch die Kosten für die Aufwärmphase um 50 Prozent[68]. Tanken große Säugetiere denn auch gern Sonne?

WILD BAHN

Viele große Tierarten sind den Außentemperaturen ungeschützt ausgesetzt. Sie können sich weder in einen unterirdischen Bau flüchten noch Torpor nutzen. Ist für sie daher eine externe Wärmequelle zur Senkung des Energiebedarfs vielleicht sogar noch entscheidender? Dieser Frage ging Thomas Ruf gemeinsam mit Kollegen nach. Über zwei Jahre hinweg untersuchten sie Energieverbrauch, Körpertemperatur und Aktivität von zwanzig Alpensteinböcken in freier Wildbahn[69]. Bei Kälte und Nahrungsknappheit in den winterlichen Alpen konnten die Tiere ihren Energieverbrauch um erstaunliche 60 Prozent reduzieren. Und ein großer Anteil war auf Basking zurückzuführen.

Steinböcke lassen ihre Körpertemperatur in der Nacht leicht sinken und ziehen dann bei Sonnenaufgang zur nächstgelegenen sonnigen Stelle, um die dortige Wärmestrahlung zu nutzen. Dieses Verhalten ist extrem wichtig für das Überleben dieser Tiere im Winter, wenn ihr Lebensraum rau und unwirtlich ist und sich viele kleinere Kollegen in unterirdische Gefilde verziehen. Ähnlich geht es großen Tieren in Kanada. Hier konnte in den 1980er Jahren bei Hirschen gezeigt werden, dass der Energieverbrauch stark sinkt und das Zittern der Tiere aufhört, wenn morgens die Sonne auf ihr Fell scheint – und das selbst bei Außentemperaturen von -30 °C!

Viele Tiere wählen bei niedrigen Umgebungstemperaturen einen der Sonne zugewandten Standort aus. Vor allem zu Zeiten hohen Energiebedarfs ist die Wahl eines geeigneten Mikroklimas wichtig. Etwa während der Fortpflanzungszeit sollte möglichst viel Energie in den Nachwuchs gesteckt und nicht für das Warmbleiben »verschleudert« werden. Fledermäuse sind dafür bekannt, dass sie während des Sommers ihre Schlafplätze oft wechseln. Ein Forscher-Team aus Würzburg und Zürich untersuchte für die Bechsteinfledermaus die Wahl der Wochenstube und hängt dafür über 70 Nistkästen an Bäumen auf, entweder an der der Sonne zu- oder abgewandten Seite des Baumes. Zusätzlich waren die Nistkästen in Paaren, einmal weiß angemalt und einmal dunkel. Die Temperatur in den Nestboxen war abends und nachts gleich, tagsüber jedoch gab es große Unterschiede. Die auf der Sonnenseite platzierten schwarzen Kästen boten Maximaltemperaturen von 20 °C, während die weißen Kästen nicht über 16 °C warm wurden. Im Schatten gab es keinen

Unterschied zwischen den weißen und schwarzen Nistkästen[70]. Die schlauen Fledermaus-Weibchen wussten das und nutzten an den sonnigen Standorten vermehrt die dunklen Kästen, während es ihnen im Schatten egal war, welche Farbe der Nistkasten hatte. Durch die Wahl eines warmen Schlafplatzes konnten sie mehr Energie in die Milchproduktion stecken!

In spanischen Bergwäldern suchen Vögel nach Sonnenplätzen. Hier lebende Spechte, Meisen und Kleiber kommen im Winter vermehrt dort vor, wo die Anzahl an sonnenbeschienenen Baumstämmen am höchsten ist[71]. In der Sonne sitzen mag trivial erscheinen, doch dieses Verhalten birgt eine erstaunliche Komplexität. Es beeinflusst den Tagesablauf von vielen Wildtieren und ihre Wahl des Mikrohabitats. Die Sonnenstrahlung als externe Wärmequelle ist wichtig für einen ausgeglichenen Energiehaushalt vieler Arten. Tiere wählen ihre Ruheplätze innerhalb eines Gebiets sorgfältig aus, denn schon ein paar Grad Temperaturunterschied und Zugang zu Strahlungswärme haben großen Einfluss auf ihren Energiebedarf.

KREIDE ZEIT

Die weite Verbreitung von Basking im Tierreich lässt vermuten, dass dieses Verhalten ein alter Hut ist. In der Tat nimmt man an, dass es schon beim Überleben der allerersten Säugetiere auf der Erde geholfen hat, die sich vor etwa 200 Millionen Jahren entwickelt haben. Diese ersten Vertreter waren klein, fraßen Insekten und wahrscheinlich waren sie nachtaktiv, um Raubtieren besser zu entkommen. Es wird angenommen, dass sie eine labile Körpertemperatur hatten, die bei niedrigen Umgebungstemperaturen einfach absank. Aufgrund ihrer schwachen Wärmeproduktion waren sie wohl kaum in der Lage, sich eigenständig aufzuwärmen. Daher gilt es als wahrscheinlich, dass diese ersten Säugetiere auf Sonnenwärme angewiesen waren, um ihre Körpertemperatur nach einer kalten Nacht auf das gewünschte Niveau anzuheben[72]. Im Laufe der Zeit wurden die Säugetiere besser in der Thermoregulation, unterstützt von dichterem Fell und höherer Stoffwechselaktivität.

Vor 65,5 Millionen Jahren, am Ende der Kreidezeit, traf ein großer Asteroid die Erde. Der dabei entstandene Chicxulub-Krater in Mexiko ist Zeuge dieses gewaltigen Aufpralls, der mit einem Winkel von 54–60 °C stattfand, wie eine Studie aus dem Jahr 2020 zeigt[73]. Als Folge gab es einen Klimakollaps und ein ökologisches Massensterben, dem auch die Dinosaurier zum Opfer fielen. Dadurch standen viele ökologische Nischen »plötzlich« für andere Tiere zur Verfügung. Konkurrierten vorher viele Arten um eine bestimmte Nahrungsquelle oder ein Mikrohabitat, so gab es nach dem Verschwinden einer ganzen Tiergruppe weniger Wettbewerb. Dadurch konnten sich erstens solche Arten ausbreiten, die vorher zu konkurrenzschwach waren, um eine hohe Populationsdichte zu erlangen, und zweitens konnten neue Arten entstehen. So machte erst das Aussterben der Dinosaurier den Weg frei für den Aufstieg der Säugetiere. Und es wird vermutet, dass Torpor geholfen hat, die schwierigen Bedingungen des Klimawandels damals zu überstehen[74].

So komplex ein Tierleben auch ist, letztendlich kommt es

darauf an, ob die Energie- und Wasserbedürfnisse vom Angebot in einem Lebensraum gedeckt werden können. Angesichts des Klimawandels ist es vorteilhaft, seine Bedürfnisse zeitweise stark herabsetzen zu können. Dafür spricht auch die Vergangenheit: Tiere, die Torpor nutzen, konnten nicht nur die Dinos überleben, sondern zeigten auch in den vergangenen 200 Jahren ein geringeres Aussterberisiko[75]. Torpor hilft beim Überdauern von Wetterextremen wie Hitze, Kälte, Feuer, Dürre oder Überschwemmungen. Zusätzlich wappnet er für Herausforderungen in neuen Lebensräumen wie Konkurrenz und Fressfeinde. Er kann Trächtigkeit hinauszögern, bis wieder ausreichend Nahrung für den Nachwuchs bereitsteht. Flexibles Nutzen von Torpor könnte eine Art Wundermittel sein, um zukünftige Änderungen besser tolerieren zu können.

Wenn Torpor stark saisonal genutzt wird, wie bei vielen Winterschläfern, dann können Probleme entstehen. Mildere Temperaturen erhöhen den Energieverbrauch im Torpor-Zustand, weniger Schneefall reduziert die Isolierung im Nest, zeitliche Verschiebungen bringen eine Asymmetrie mit Nahrungsquellen im Frühling oder Herbst. Doch die Effekte sind nicht nur negativ. Eine Publikation vom Mai 2020 zeigt die komplexen Einflüsse von Klimaänderungen auf die verschiedenen Abschnitte im Jahr eines Winterschläfers. Detaillierte Langzeit-Daten für das Gelbbauchmurmeltier, gesammelt in Colorado von 1979 bis 2018, dienen als Grundlage. Diese Tiere verbringen jährlich acht Monate im Winterschlaf und vier Monate aktiv. Kurz gesagt sind die Klimawandelfolgen für den Winter schlecht, aber für den Sommer gut.

Die Sterberate von Tieren im Winter nimmt zu, aber dafür bedingt der frühere Frühling eine längere Phase des Wachstums, die mehr Jungtiere, mehr Gewichtszunahme und geringere Sterberaten von erwachsenen Tieren bedeutet[76].

Wieder könnten die Wetterextreme entscheidend sein. Murmeltiere leiden unter Hitzewellen im Sommer, während die zu den Erdhörnchen gehörenden Ziesel in Kanada und Alaska mit vermehrten Schneestürmen im Frühling zu kämpfen haben. Bei den Zieseln verursacht das eine interessante Asymmetrie zwischen den Geschlechtern, denn während Weibchen ihren Winterschlaf flexibel verlängern, sind Männchen aufgrund hoher Testosteron-Spiegel dazu nicht in der Lage[77]. Die langfristigen Einflüsse der Klimawandelfolgen auf Winterschläfer sind unklar. Eine so flexible Strategie ist in Simulationsrechnungen schwer vorauszusagen. Generell stehen Kleinsäuger und Vögel unter Zugzwang, da Kälte, Hitze, Energieengpässe oder Wassermangel für sie schnell tödlich enden können. Denn im Vergleich zu großen Tieren haben sie weniger Reserven, stehen über ihre große Oberfläche in hohem Wärmeaustausch mit der Umgebung und haben einen hohen Energieverbrauch. Jedoch eröffnet ihre kleine Körpergröße auch eine Vielzahl von Möglichkeiten, auf Umweltveränderungen flexibel zu reagieren, etwa durch physiologische Strategien wie Torpor oder durch das Aufsuchen eines angenehmen Mikroklimas im Schatten oder in einem Nest oder Bau.

Kapitel 3

Anpassungen – Wie Tiere mit Hitze leben

Kalahari, Afrika: Rote Erde fliegt in hohem Bogen durch die Luft. Von einer großen Staubwolke umhüllt, stehen Gestalten vornübergebeugt und graben. Unermüdlich schaufeln sie mit bloßen Händen die sandige Erde. Hintereinanderstehend, versuchen sie, den Sand aus der Mulde nach hinten zu schaffen. Die Grube wird tiefer und tiefer. Am Rand muss immer mehr Sand weggetragen werden, damit vorn noch tiefer gegraben werden kann. Wer hat nur die Schaufeln vergessen? Augen, Nase, Mund, Kleidung – alles ist voller Staub. Doch keiner der eifrig Grabenden denkt auch nur an eine Pause. Geschweige denn ans Aufgeben. Zu viel steht auf dem Spiel. Im vorigen Jahr waren sie trotz viel Mühe und Aufwand mit leeren Händen nach Hause zurückgekehrt. Jetzt sind sie so nah dran, dass Aufgeben keine Option ist.

Man könnte die eifrig Buddelnden für Goldgräber halten, doch ihr Objekt der Begierde ist ein urtümliches Säugetier. Ohren wie ein Hase, eine Schweineschnauze am Ende eines langgestreckten Kopfes, der Schwanz wie ein Känguru, dazu ein kurzer Nacken, kräftige Beine und eine spärliche Behaarung. Das Erdferkel ist wirklich eine irre Mischung, und trotz seiner weiten Verbreitung im südlichen Afrika sehr wenig erforscht. Eine, die das ändern möchte, ist Andrea Fuller, Professorin für Tierphysiologie an der University of Witwatersrand, Südafrika. Sie ist Expertin für Säugetiere in heißen Lebensräumen. Und das Erdferkel steht schon lange auf ihrer Wunschliste. Denn um eine Tierart wirkungsvoll zu schützen, müssen wir seine Biologie verstehen.

ERD FERKEL

Das Erdferkel ist ein Außenseiter – es hat keine nahen Verwandten, sondern beansprucht eine ganze Säugetierordnung für sich. Es wiegt um die 40 Kilogramm und ernährt sich dennoch fast ausschließlich von winzigen Termiten und Ameisen. Diese interessante Anpassung an eine sehr spezifische Nahrungsquelle finden wir im Tierreich mehrfach, etwa bei Ameisenbären, Ameisenigeln oder dem Numbat. Zu ihren Spezialisierungen gehören ein zahnloses Maul und eine lange Zunge, die bei den unterschiedlichen Säugetieren parallel entstanden sind. Wir sprechen von konvergenter Evolution, wenn die gleiche Form und Funktion bei Arten beobachtet wird, die verwandtschaftlich weit voneinander entfernt sind.

Das Erdferkel lebt in komplexen unterirdischen Bauten mit diversen Eingängen. Es ist äußerst scheu und flüchtet bei der geringsten Gefahr sofort in seine unterirdische Welt. Selbst Menschen, die ihr Leben lang in afrikanischen Reservaten mit Wildtieren arbeiten, bekommen diese zurückgezogen lebenden Tiere selten bis nie zu Gesicht, wie Andrea Fuller mir versichert. Sie hat das Projekt mit ihrer befreundeten Kollegin Robyn Hetem geplant. Im vorigen Jahr war ein erster Versuch des Erdferkel-Fanges ordentlich schiefgegangen. Knapp zwei Wochen verbrachten sie damals in der kargen Karoo-Wüste, die für ihre extreme Hitze und Trockenheit bekannt ist. Nachts jedoch wird es sehr kalt, und die starken täglichen Temperaturschwankungen sind eine Herausforderung für Wildtiere in vielen Wüstengebieten. Stundenlang fuhren Andrea und Kolleg:innen dort tagtäglich umher auf der Suche nach Erdferkeln. Zwar konnten sie spät nachts einige Exemplare sichten, doch verschwanden sie immer blitzschnell in ihren Höhleneingängen. Zu dem Zeitpunkt waren die Forscher:innen sowieso schon so durchgefroren, dass die Tierärztin das Betäubungsgewehr nicht mehr hätte betätigen können. Also fuhren sie enttäuscht mit leeren Händen wieder nach Hause.

Nun, ein Jahr später, versuchen sie ihr Glück hier in der Kalahari. Und sie haben mehr Erfolg. Von den Dünen aus können sie Erdferkel in den Tälern erkennen, noch vor Eintritt der Dunkelheit. Sie müssen die Tiere kurzfristig fangen, um die kleinen Messgeräte anzubringen. Diese sogenannten Biologger können eine Vielzahl an Informationen speichern wie Temperatur und Aktivität. Die Tierärztin muss sich bis auf zehn Meter an das Tier heranschleichen, um den Betäubungspfeil sicher zu platzieren. Ihre einzige Tarnung ist knapp 80 Zentimeter hohes Gras, durch das sie äußerst ruhig kriechen muss. Und vor allem gegen die Windrichtung, denn Erdferkel können zwar nicht besonders gut sehen, dafür aber umso besser riechen. Und bei Gefahr zögern sie nicht lange und flüchten sofort.

Normalerweise wirkt die Betäubung so schnell, dass die Biologging-Geräte problemlos an Ort und Stelle angebracht werden können. Heute allerdings nicht, da flüchtet sich das Erdferkel in eine Höhle, bevor es schläfrig wird. Nun ist es in seinem Bau verschwunden, und daher heißt es graben, was das Zeug hält. Denn die Betäubung hält nicht ewig, und die Wissenschaftler:innen wollen das Tier so schnell wie möglich mit den Biologgern ausstatten und dann wieder freilassen. Natürlich muss gerade heute ein Tier entwischen, wo sie die Spaten und Schaufeln vergessen haben. Nun ja.

Nach langem Graben und Buddeln finden sie endlich das Erdferkel. Es liegt laut schnarchend in seinem unterirdischen Zuhause. Nun heißt es, schnell den Logger anbringen und warten, bis die Betäubung nachlässt. Zufrieden beobachten die Forscher:innen, wie das Tier anschließend wieder wohlauf durch die Landschaft stiefelt, auf der Suche nach Ameisen und Termiten. Damit ist die Feldforschung vorerst abgeschlossen. Ein Jahr später werden die Messgeräte wieder eingesammelt und die Ergebnisse ausgewertet. Insgesamt untersucht das Team 17 Erdferkel – doch das zieht sich über einige Jahre hin. Die so gesammelten Daten sollen neue Erkenntnisse über diese rätselhaften Tiere bringen.

UNTER IRDISCH
Unterirdische Bauten sind wichtige Überlebenshilfen für Kleinsäuger. Sie sind auf diese Zufluchtsstätten angewiesen, um der Hitze zu entkommen. Entweder graben Tiere wie das Erdferkel ihre Bauten selbst, oder sie leben als Untermieter oder Nachmieter in einem Bau. Einige der ersten Publi-

kationen in Ökophysiologie überhaupt beschäftigen sich mit der Bedeutung von Höhlen für Wüsten-Kleinsäuger. Veröffentlicht wurden sie von dem berühmten Forscherpaar Bodil und Knut Schmidt-Nielsen in den späten 1940er Jahren. Was diese Untersuchungen von vorherigen physiologischen Experimenten abhebt, ist der Anspruch, Wildtiere im Zusammenspiel mit ihrer direkten Umwelt zu verstehen. Und für Kleinsäuger in heißen Lebensräumen sind unterirdische Höhlen unentbehrlich.

Kleinsäuger sind Meister im Ausweichen. Durch das Aufsuchen eines bestimmten Mikroklimas oder die Vermeidung von Aktivität während der heißesten Tageszeit reduzieren Tiere ihre Wärmebelastung stark. Unterirdische Bauten können einen thermischen Puffer bilden und dadurch ein Mikroklima bieten, das erheblich von den Außentemperaturen abweicht. Der Bau einer Rennratte in der Wüste Israels bietet stabile Bedingungen mit einer Temperatur von 28 °C und einer relativen Luftfeuchtigkeit von 55 Prozent, während die Bedingungen oberirdisch stark schwanken mit Temperaturen zwischen 14° bis 38 °C und einer Luftfeuchtigkeit von 18 bis 72 Prozent[78]. Das Tier befindet sich in seinem Nest in seiner Thermoneutralzone mit angenehmer Luftfeuchte und kann Energie- und Wasserverlust minimieren, während draußen starke Schwankungen herrschen.

Die Isolierung von unterirdischen Bauten und Höhlen funktioniert natürlich auch gegen Kälte, wie ich während meiner Forschung an winterschlafenden Fledermäusen im Herzen

Kanadas eindrucksvoll erlebt habe. Sehr kalt wird es dort in der Prärie, und -35 °C sind völlig normal, doch in den kleinen unterirdischen Höhlen der Fledermäuse herrscht den ganzen langen Winter hindurch eine stabile Temperatur um 8 °C. Nicht nur unterirdische Bauten, sondern auch Felsspalten, Steinhaufen, Nester, Baumlöcher oder Kobel schwächen die Spitzen der herrschenden Umgebungstemperaturen effektiv ab. Die oberirdischen Nester aus Pflanzenmaterial bieten einer Nagetierart im Südwesten Afrikas den Sommer über eine sehr stabile Temperatur von 20 °C. Höhlen, Bauten und Nester bieten Tieren inmitten eines rauen Lebensraumes einen Unterschlupf, dessen Mikroklima ihren Energie- und Wasserverbrauch reduziert.

Unterirdische Bauten zeigen eine Vielfalt an Größe und Form. Sie können von Individuen, Familien oder ganzen Kolonien bewohnt werden. Manche Höhlen sind sehr einfach strukturiert, andere haben verschiedene Abschnitte oder mehrere Eingänge wie die der Erdferkel. Abhängig von der Tiefe der einzelnen Kammern können dort unterschiedliche Temperaturen und relative Feuchtigkeit herrschen. Oft gibt es Unterteilungen in Bereiche mit Nest oder Vorratskammern. Das stabile Mikroklima und der Schutz vor Raubtieren erleichtern das Leben sehr. Allerdings bergen unterirdische Lebensräume auch Herausforderungen, etwa hat die Luft einen reduzierten Gehalt an Sauerstoff und einen erhöhten Gehalt an Kohlenstoffdioxid.

Eine hohe Luftfeuchtigkeit im Bau hat in trockenen Lebensräumen einen Vorteil, der mit der Lagerung der Nahrung zu tun hat. Die meisten Wüstentiere können als tägliche Mahlzeit weder auf ein saftiges Grasbüschel noch auf eine knackige Heuschrecke hoffen, denn sie ernähren sich fast ausschließlich von Samen. Diese kleinen ausgetrockneten Samen haben einen Wassergehalt von nur wenigen Prozent. Da an Trinkwasser oft gar nicht zu denken ist, müssen Tiere ihren Wasserbedarf gänzlich über die Samen decken. Wie sollen diese bloß als einzige Wasserquelle für einen Kleinsäuger ausreichen? Manche Tiere wenden einen Trick an: Wenn die Samen bei hoher Luftfeuchtigkeit gelagert werden, kann sich ihr Wassergehalt innerhalb weniger Wochen auf über 15 Prozent erhöhen. Und das wissen die schlauen Wüstennager und wählen entsprechend für die Lagerung der Samen einen Teil ihres Baus mit hoher Luftfeuchtigkeit.

Es gibt eine Reihe von Nagetieren, die ausschließlich in unterirdischen Gängen leben und entsprechend ausgeprägte Anpassungen zeigen. Sie können mit wenig Sauerstoff leben, können Kohlenstoffdioxid besser tolerieren, haben eine reduzierte Atmung und Herzfrequenz und haben einen niedrigen Ruhestoffwechsel. Höhlenbewohner haben oft kleine Ohren und Augen, einen kurzen Hals, einen kurzen Schwanz und einen gedrungenen Körper, gebaut für das anstrengende Graben von Gängen. Denn die unterirdische Fortbewegung ist energetisch gesehen 300 bis 3000 Mal »teurer« als die oberirdische, abhängig von der Beschaffenheit des Bodens[79].

Ein Extrembeispiel für Höhlenbewohner ist der Nacktmull. Dieses etwa 40 Gramm leichte und fast unbehaarte, faltige Tier macht irgendwie alles anders als andere Säugetiere. Es lebt in sogenannten eusozialen Kolonien, die wir eigentlich von Insekten kennen, mit meist weit über einhundert Tieren, die sich an Brutpflege und Nahrungsbeschaffung beteiligen, während nur ein Weibchen fortpflanzungsfähig ist. Diese Königin ist das ganze Jahr durchgehend trächtig und hat alle paar Monate einen Wurf mit knapp 30 Jungtieren. Der Nacktmull ist rund um die Uhr aktiv, lebt viel länger als andere Nagetiere und hat als einziges Säugetier keine Schmerzwahrnehmung und kann nicht an Krebs erkranken! Die Regulation seiner Körpertemperatur gleicht der eines ektothermen Tieres, denn sie variiert mit der Umgebungstemperatur. Wenn auch vielleicht nicht besonders hübsch, so ist dieser Nager wirklich ein absolut faszinierendes Beispiel für die Anpassungen eines Säugetiers an seinen extrem Lebensraum.

Neben den reinen Höhlenbewohnern hausen viele Tierarten zwar in einem Bau, verbringen ihre aktive Zeit jedoch oberirdisch. Entsprechend sind ihre Anpassungen weniger stark ausgeprägt. Dazu gehören neben dem Erdferkel auch Dachs, Murmeltier und Gürteltier. Und das Erdmännchen, das ebenfalls in der Kalahari lebt. Hier war Andrea Fuller an einem Projekt beteiligt, das die bisherigen Auswirkungen des Klimawandels auf die Biologie dieser geselligen Mangusten untersucht, die zur Ordnung der Raubtiere gehören. Die Ergebnisse zeigen, dass Jungtiere an Tagen mit hoher Temperatur und geringer Wasserverfügbarkeit weniger Gewicht zunehmen, was ein Zeichen für Dehydrierung ist[80]. Im Hinblick auf die vorhergesagten Änderungen mit steigender Temperatur und sinkender Wasserverfügbarkeit sind die Aussichten für Erdmännchen beunruhigend. Solche schleichenden Einflüsse des Klimawandels werden auf verschiedenen Ebenen Auswirkungen auf Wildtierpopulationen haben.

ENERGIE ZUFUHR

Doch zurück zu unseren Erdferkeln, die ich persönlich leider nur aus dem »Grzimek-Haus« im Zoo Frankfurt kenne. Als Kind bin ich dort fasziniert in die Welt der nachtaktiven Tiere eingetaucht – und noch immer ist es das erste Ziel im Zoo bei unseren jährlichen Besuchen, denn dort hausen viele faszinierende Arten, die man sonst nicht zu sehen bekommt – darunter die Erdferkel. Können ihre tiefen Bauten sie vor Hitze und Dürre schützen? Nein, leider sind die Ergebnisse des Forschungsprojekts von Andreas' Team alles andere als erfreulich.

Fast alle untersuchten Erdferkel sind gestorben. Viele weitere tote Tiere wurden im Untersuchungsgebiet gefunden. Das Jahr war zu heiß und zu trocken. Das Erdferkel hat darunter indirekt zu leiden. Zwar kann es in seinen unterirdischen Bauten der Hitze entgehen, aber die Trockenheit hat dennoch schwerwiegende indirekte Folgen. Während einer Dürre gibt es weniger Niederschlag, wodurch das Wachstum von Gräsern gehemmt wird. Auf dieses Gras sind aber die sogenannten Ernte-Termiten angewiesen, die für 80 Prozent der Energiezufuhr von Erdferkeln verantwortlich sind. Es scheint, dass Erdferkeln die Spontanität fehlt, auf andere Termiten- oder Ameisen-Arten auszuweichen.

Die Daten zeigen, wie Nahrungs- und Wassermangel die Regulation der Körpertemperatur beeinflussen. Außerhalb von

Dürreperioden haben Erdferkel eine sehr stabile Körpertemperatur, die nur zwischen 35,4 und 37,2 °C variiert. Doch im Laufe des Sommers werden die Schwankungen immer größer, manche Tiere kühlen bis auf 25 °C ab[81]. Hier handelt es sich nicht um eine kontrollierte Absenkung der Körpertemperatur wie im Torpor-Zustand, sondern um eine ungewollte Hypothermie. Die Tiere haben aufgrund des Energiemangels Probleme, ihre Körpertemperatur aufrechtzuerhalten, mit tödlichen Folgen. Eine weitere Veröffentlichung des Teams verdeutlicht, dass auch ihr Verhalten von Dürre gezeichnet ist. Die Erdferkel reduzieren ihre Aktivität um 25 Prozent, um ihren Energiebedarf zu verringern[82]. Zusätzlich werden sie tagaktiv, um die Kosten der inneren Wärmeproduktion in der Nacht zu reduzieren, da die Nächte hier sehr kalt sind. So sparen sie zwar wertvolle Energie zum Warmhalten – jedoch erhöhen sie ihren Wasserverlust durch das Herumlaufen in der Hitze. Es ist ein ständiges Abwägen von Vor- und Nachteilen in einem Tierleben, um einen ausgeglichenen Energie- und Wasserhaushalt zu erreichen.

Die Studie ist ein Zeugnis dafür, wie schon jetzt Tiere unter Klimawandel-Folgen leiden. Dürreereignisse gehören in afrikanischen Ökosystemen dazu, aber genau wie Hitzewellen treten sie öfter und intensiver auf. Selbst wenn Tiere einem direkten negativen Effekt von Trockenheit und hohen Temperaturen entgehen können, so leiden sie an indirekten Folgen, die über die Nahrungskette weitergereicht werden. Die Erdferkel sterben an durch Dürre verursachtem Verhungern, denn ohne ausreichend Termiten als Energie- und Wasserquelle haben sie keine Chance. Auch wenn diese Beobachtungen größtenteils während eines ungewöhnlich trockenen Sommers gemacht wurden, so werden entsprechende Bedingungen den Klimavoraussagen nach in der Zukunft Normalität sein. Und das ist nicht nur für die Erdferkel als Art bedenklich, sondern für viele Tiere. Denn diesen Bauherren kommt durch das Graben extensiver Bauten eine bedeutende Funktion im Ökosystem zu. Mindestens 27 andere Tierarten, davon 21 Säugetiere, nutzen Erdferkelhöhlen – und diese Abhängigkeit wird stärker werden mit steigenden Temperaturen und einer Zunahme an Dürren[83].

WUNDER NETZ

Bisher haben wir uns mit Tieren beschäftigt, die der Hitze entgehen können. Diese Höhlenbewohner haben einen Zufluchtsort mit angenehm kühler, gleichbleibender Temperatur. Dem Ausweichen steht als Strategie das Aushalten gegenüber. Stellen wir uns etwa eine Antilope vor, die in einer kargen Savanne viele Stunden grasen muss, um ihren Energiebedarf zu decken. Sie ist dabei gnadenlos direkter Sonnenstrahlung und hohen täglichen Temperaturschwankungen ausgesetzt. Die Abgabe von Wärme kann für Großsäuger in heißen Gegenden problematisch sein. Bei starker Hitze können sie aufgrund ihrer Größe meist nicht in ein kühleres Mikroklima fliehen, denn Höhlen sind zu klein und Schattenplätze sind rar. Dadurch sind sie den Umgebungstemperaturen ohne thermischen Puffer direkt ausgeliefert.

Andrea Fuller hat viele Großsäuger in Afrikas trockenen Lebensräumen untersucht. Dafür forscht sie am liebsten draußen, an Tieren in freier Wildbahn. Für physiologische Messungen ist es wichtig, dass die Tiere nicht gestresst sind. Erstens ist das unsere ethische Verantwortung den Tieren gegenüber, und zweitens sind nur dann die Ergebnisse aussagekräftig. Unter Laborbedingungen kann man gut spezielle Mechanismen untersuchen und den Einfluss verschiedener Faktoren wie Temperatur oder Nahrung auseinanderklamüsern. Allerdings sind Freilandarbeiten unerlässlich für ein wirkliches Verständnis, wie Tiere sich in ihrer Umwelt verhalten: Wie sie Ressourcen nutzen, wie sie auf unvorhersehbare Engpässe reagieren, wie sie mit Artgenossen interagieren und welche physiologischen Antworten auf Stressoren sie zeigen. Die Ergebnisse von Freiland- und Laboruntersuchungen können erheblich voneinander abweichen. Wohl kaum ein Prinzip hat dies so deutlich gezeigt wie die Forschung über die Hirnkühlung.

Manche Tierarten besitzen ein besonderes Kühlsystem, um die Temperatur des Gehirns zu kontrollieren. Es wird Wundernetz oder Carotiden-Rete genannt und ist verantwortlich für das selektive Kühlen der Gehirnblutzufuhr. Es beruht auf Wärmeaustausch durch ein Gegenstromprinzip. Der Nasenraum ist durch Verdunstung gekühlt und somit auch das dort fließende venöse Blut. Wenn dieses Blut vom Nasenraum zum Körper zurückfließt, so ist es entsprechend kühler als das arterielle Blut auf dem Weg zum Gehirn. Das Wundernetz besteht aus einem Netzwerk sehr dünner Blutgefäße und ermöglicht einen Wärmeaustausch, ohne dass dabei Blut vermischt wird. Dabei gibt das warme arterielle Blut seine Wärme an das kühlere venöse Blut ab, passiv dem Temperaturgefälle folgend. Auf diese Weise kommt im Gehirn das vorgekühlte Blut an, das bis zu 3 °C kühler als die Kerntemperatur sein kann. Besonders wirksam wird das System, wenn das Tier hechelt, da auf diese Weise die Verdunstungskühlung im Nasenraum erhöht wird.

In den klassischen Lehrbüchern der Tierphysiologie wird das Wundernetz als System vorgestellt, das das Gehirn vor Überhitzung schützt. Durch Laboruntersuchungen nachgewiesen, klang diese Darstellung erst mal so logisch, dass sie lange Zeit niemand anzuzweifeln suchte. Doch Andrea Fuller und ihr Kollege Duncan Mitchell stellten dieses Konzept im Jahr 2002 in Frage[84]. Sie beriefen sich dafür auf eine Untersuchung aus dem Jahr 1994, bei der zum ersten Mal die Gehirnkühlung bei Tieren in freier Wildbahn gemessen wurde. Die Daten zeigten, zur großen Verwunderung aller Beteiligten, dass Tiere ihr Gehirn bei starker körperlicher Aktivität wie Flucht in der Tat aufheizen ließen. Das widersprach der bis dato gängigen Sichtweise. Warum wird die Hirnkühlung gerade nicht aktiviert, wenn man es am meisten erwartet? Welchen Zweck erfüllt das System dann?

Die Antwort konnte Andrea Fuller in den folgenden Jahren anhand einer Reihe von Untersuchungen finden. Eine Studie aus dem Jahr 2007 zeigt beispielsweise, dass die Hirnkühlung als Antwort auf Wassermangel aktiviert wird. Eine weitere Untersuchung ihrer Arbeitsgruppe aus dem Jahr 2015 demonstriert, dass durch die Hirnkühlung der Gesamtwasserverlust reduziert wird. Demnach sollten die Lehrbücher umgeschrieben werden – und das geschieht auch schon[79]. Denn während das Wundernetz durchaus wirksam ist für die Hirnkühlung, so besteht seine Hauptaufgabe darin, den Wasserhaushalt zu regulieren. Es hilft sozusagen, das Gehirn mit einem Trick zu überlisten, indem es den Hypothalamus abkühlt und ihn dadurch davon abhält, kostbares Wasser zur Kühlung zu »verschwenden«. Dieser Mechanismus ermöglicht es beispielsweise Schafen, ihren täglichen Wasserverbrauch um 2,6 Liter zu reduzieren, was 60 Prozent entspricht. Solche Einsparungen können das Überleben in einem heißen Lebensraum ungemein begünstigen.

Welche Tiere besitzen ein Wundernetz zur Hirnkühlung? Weit verbreitet ist es unter den Paarhufern, wie etwa bei Schafen, Ziegen, Schweinen, Antilopen, Kamelen, Rindern oder Rentieren. In einer primitiveren Ausführung ist es außerdem bei Katzen und Hunden zu finden. Fehlen tut es dagegen bei Primaten, bei Kleinsäugern wie Nagetieren, Insektenfressern oder Hasenartigen und bei Unpaarhufern wie Pferden, Tapiren oder Nashörnern. Andrea Fullers Arbeitsgruppe argumentiert, dass die Gehirnkühlung evolutiv ein Vorteil ist. Sie hat bei der entsprechenden Tiergruppe eine größere Artenvielfalt ermöglicht im Vergleich zu gleichgroßen Huftieren, die nicht über dieses System verfügen[85]. Und diese Überlegungen haben wichtige Konsequenzen für die Zukunft angesichts des Klimawandels. Denn für Wildtiere auf dem afrikanischen Kontinent wird nicht der Temperaturanstieg an sich die größte Herausforderung darstellen, sondern die damit einhergehenden Faktoren Trockenheit und Wassermangel. Daher ist es durchaus möglich, dass das Wundernetz in Zukunft tatsächlich noch wahre Wunder für diese Tiere vollbringen wird.

FETT SPEICHER

Neben dem Wundernetz haben Kamele noch ein paar andere Trümpfe im Ärmel. Ihr berühmtester Vertreter ist das Dromedar, das extreme Hitze und bedingungslose Trockenheit ertragen kann. Es kann einen Wasserverlust im Körper von weit über 20 Prozent tolerieren, während die Grenze bei den meisten anderen Säugetieren bei 10–12 Prozent liegt. Außerdem kann es sehr schnell sehr viel trinken: 100 Liter in wenigen Minuten! Und sein Blut ist charakterisiert durch elliptisch geformte rote Blutkörperchen, die weniger empfindlich sind gegenüber ungeeigneten osmotischen Verhältnissen im Körper. Durch einen besonderen Mechanismus kann das Dromedar auch bei minderwertigem Futter überleben und seine verhältnismäßig großen Zähne helfen beim Zermalmen harter Gräser.

Die erstaunliche Toleranz der Dromedare gegenüber einer hohen Körpertemperatur haben wir ja im vorigen Kapitel besprochen. Bereits in den 1950er Jahren wurde diese Eigenschaft von dem eben erwähnten Forscherpaar Schmidt-Nielsen entdeckt. Sie fanden heraus, dass Dromedare ihre Körpertemperatur tagsüber reguliert ansteigen lassen, um Wasser für die Verdunstungskühlung zu sparen. Normalerweise liegen die täglichen Schwankungen bei 2 °C. Bei Wärmebelastung und Wasserentzug tolerieren sie dagegen Körpertemperaturen von 34–41 °C, und dieser Anstieg der Temperatur um 7 °C erspart einem 500 Kilogramm schweren Tier fünf Liter Wasser pro Tag[11]. In einer Wüste ist das viel wert! Und da es dort nachts stark abkühlt, kann dann die aufgestaute Körperwärme einfach an die Umgebung abgegeben werden, ohne kostbares Wasser für die Verdunstungskühlung zu vergeuden.

Das bringt uns zum nächsten Vorteil der erhöhten Körpertemperatur der Dromedare während des Tages. Da der Temperaturunterschied zwischen Umgebung und Körper geringer ist, wird die passive Wärmeaufnahme reduziert. Zusätzlich ist das Tier gut isoliert durch dichtes Fell, das wenig Wärme hindurchlässt. Somit kann eine gute Wärmedämmung nicht nur eine Anpassung an kalte, sondern auch an warme Lebensräume bedeuten! Durch diese Strategien senkt ein Dromedar seinen Wasserverlust auf weniger als ein Drittel und kommt selbst bei großer Hitze bis zu acht Tage ohne Trinkwasser aus. Entgegen einer häufigen Annahme dient sein Höcker übrigens nicht als Wasser-, sondern als Fettspeicher.

In den späten 1960er Jahren wurde auch bei afrikanischen Huftieren ein Anstieg der Körpertemperatur als Antwort auf hohe Umgebungstemperaturen gemessen. Daher galt diese Strategie lange Zeit als die führende Antwort auf Hitze bei Großsäugern in heißen Lebensräumen. Doch basierten diese Ergebnisse notgedrungen auf Untersuchungen an Tieren in Gefangenschaft, da die für Feldexperimente erforderlichen Geräte schlichtweg noch nicht entwickelt waren. Das änderte sich vor etwa 20 Jahren, als Temperatur- und Aktivitätsmessgeräte kleiner und günstiger wurden.

Die Körpertemperatur von Vögeln und Säugetieren ist zwar streng reguliert, aber keinesfalls ohne Schwankungen. Innerhalb eines Tages gibt es bei allen Arten leichte Veränderungen, die einige Grad betragen. Generell sind tagaktive Arten tagsüber etwas wärmer als in der Ruhezeit. Bei Nachtaktiven fällt entsprechend die wärmere Körpertemperatur in die aktive Phase, sprich nachts. Interessanterweise ist dies jedoch nicht nur durch die Aktivität selbst bedingt, sondern bleibt erhalten, wenn das Tier ruht. Die täglichen Schwankungen in der Körpertemperatur können sich bei Kleinsäugern in freier Wildbahn und Individuen in Gefangenschaft stark unterscheiden, wie ich bei meiner Diplomarbeit herausfinden konnte[86].

Im Jahr 2005 gelang es Andrea Fuller und ihrem Team, zum ersten Mal überhaupt die Thermoregulation einer ganzen Herde freilebender Huftiere über ein Jahr hinweg zu dokumentieren[87]. Der Kap-Springbock zeigt eine sehr stabile Körpertemperatur und keine der oben beschriebenen starken Schwankungen. Und das, obwohl die Umweltbedingungen wie Temperatur und Nahrungsangebot stark variieren und zusätzliche Stressoren auftreten wie Trächtigkeit, Säugen und Interaktionen innerhalb der Herde. Eine Ausnahme sind Episoden von Fieber, die die Übertragung einer Infektionskrankheit innerhalb der Herde dokumentieren. Dabei setzt der Hypothalamus in Reaktion auf sogenannte Pyrogene den Sollwert der Körpertemperatur herauf.

Auch bei Elefanten wurde lange Zeit angenommen, dass sie sich wie Kamele verhalten und ihre Körpertemperatur bei Hitze ansteigen lassen. Gemeinsam mit Kollegen führte Andrea Fuller erste entsprechende Untersuchungen am Afrikanischen Elefanten in Botswana durch. Und auch die größten Landtiere stellen sich als penible Thermoregulatoren heraus, die ihre Körpertemperatur bei 36,6 °C halten mit nur geringen Schwankungen[88]. Die untersuchten Tiere leben im Herdenverband halbwild im Okavango Delta. Tagsüber laufen sie frei in der Savanne herum, die Nacht verbringen sie in einem großen umzäunten Gehege mit natürlicher Vegetation und zusätzlichem Futter und Wasser. Sie passen ihre Tagesaktivitäten der Umgebungstemperatur entsprechend an und machen häufigen Gebrauch von Kühlungsmöglichkeiten in der Umgebung. Wasserlöcher und schattenspendende Vegetation sind zentral für die Thermoregulation durch Verhalten.

Elefanten haben anatomische Anpassungen, die der Wärmeabgabe förderlich sind. Hierzu gehören große Ohren und eine spärliche Behaarung, denn dichtes Fell würde eine Wärmebarriere bilden. Diese Faktoren sind vorteilhaft bei Umgebungstemperaturen unterhalb der eigenen Körpertemperatur. Wird die Luft jedoch wärmer als die eben genannten 36,6 °C, so können diese Anpassungen nachteilig sein, da sie dann der Wärmeaufnahme dienen – denn wir erinnern uns, dass Wärme immer dem Temperaturgefälle folgend fließt. Elefanten haben keine Schweißdrüsen, verlieren aber etwas Körperwasser unkontrolliert über die Haut, die eine relativ hohe Durchlässigkeit hat. Sie sind daher auf die Kühlungsmöglichkeiten durch Verhaltensänderungen angewiesen und brauchen dringend Zugang zu Schattenplätzen und Wasserstellen.

TRINK WASSER
Für viele Tierarten in warmen Lebensräumen konnte inzwischen gezeigt werden, dass sie ihre Körpertemperatur im Freiland sehr streng regulieren. Die physiologische Antwort von

Tieren in der freien Wildbahn sieht oft anders aus als bei Tieren in Gefangenschaft. Erstens sind die Haltungsbedingungen durch das Tierschutzgesetz reguliert, und Tiere sind meist einer konstanten Temperatur ausgesetzt, kriegen regelmäßig Nahrung, haben durchgehend Zugang zu Wasser und erleben keine Engpässe wie in der Wildnis. Zweitens können sie in ihrem natürlichen Lebensraum durch Verhaltensänderungen auf Stressoren reagieren, die ihnen in Gefangenschaft meist nicht möglich sind. Selbst bei hohen Umgebungstemperaturen halten viele Tierarten ihre Körpertemperatur fast konstant. Das gilt jedoch nur, solange Trinkwasser frei zugänglich ist.

In heißen Lebensräumen stellen meist nicht die hohen Temperaturen an sich das Hauptproblem für Wildtiere dar, sondern der Wassermangel. Im Prinzip haben Tiere drei Wasserquellen: erstens Trinkwasser, zweitens das in Nahrung enthaltene Wasser und drittens das vom Stoffwechsel produzierte Wasser. Eng verwoben mit dem Wasserhaushalt ist der Elektrolythaushalt, sprich die ausgeglichene Aufnahme und Abgabe von Salzen im Körper. Bis zu 75 Prozent des Wassers gehen über die Verdunstung verloren. Das restliche Wasser wird mit dem Urin und Kot ausgeschieden. Ein Überlebenskünstler in ariden Gebieten ist ein kleines Nagetier namens Kängururatte. Es kann völlig ohne Trinkwasser auskommen! Durch Anpassungen wie eine hocheffiziente Niere kann die Kängururatte trotz trockener Nahrung auf unbegrenzte Zeit von dem Wasser leben, das beim Stoffwechsel entsteht, nur für die Fortpflanzungszeit ist eine zusätzliche Wasserquelle wie feuchtes Pflanzenmaterial notwendig.

Was beeinflusst die Effizienz der Niere? An sich ist eine Niere nichts Besonderes. Fast alle Tiere haben ein derartiges Organ, und bei allen Wirbeltieren arbeitet sie nach dem gleichen Prinzip von Filtration und Rückresorption. Die Niere filtert ständig das Blut im Körper und scheidet schädliche Stoffe aus. Diese Entgiftung bezieht sich sowohl auf körpereigene Abfallprodukte als auch auf äußerlich zugeführte Stoffe. Im Prinzip wird das gesamte Blut, bis auf große Substanzen wie Proteine, durch die Niere filtriert und muss dann wieder in die Blutbahn zurückgeführt werden, um sowohl Wasser als auch lebenswichtige Stoffe wie Vitamine oder Kohlenhydrate im Körper zu behalten. Daher wird dieses erste Filtrat zu 99 Prozent wieder rückresorbiert, und nur ein Prozent wird als Urin ausgeschieden.

Die Säugetierniere unterscheidet sich von der Niere anderer Tiere, indem sie stark konzentrierten Urin bilden kann. Vögel können das auch, jedoch scheiden sie Harnsäure anstelle von Harnstoff aus. Diese Fähigkeit zur Konzentration ist entscheidend für den Wasserhaushalt eines Tieres. Die Niere eines Säugetieres besteht aus mehreren Millionen Nephronen, die in sogenannten Bowman-Kapseln das Blut filtern. Von dort gelangt die Flüssigkeit in einen dünnen haarnadelförmigen Abschnitt, die Henle-Schleife. Das so gebildete Filtrat fließt über ein paar Umwege schließlich vom Nierenbecken zum Harnleiter und dann in die Harnblase, von wo aus es als Urin ausgeschieden wird.

Wassermangel oder hohe Temperaturen können verursachen, dass der Körper keinen ausgeglichenen Wasserhaushalt erreichen kann. Der Körper stellt dann fest, dass es weniger Blutplasma gibt, das zudem stärker konzentriert ist. Er reagiert darauf mit der Ausschüttung eines antidiuretischen Hormons, das in der Niere eine verstärkte Rückgewinnung von Wasser bewirkt, wodurch ein stärker konzentrierter Urin entsteht. Je länger die Henle-Schleife eines Tieres ist, desto mehr steigt seine Fähigkeit, hoch konzentrierten Urin zu bilden. Gemessen wird diese Fähigkeit im Verhältnis zum Blutplasma. Wir Menschen haben eine kurze Henle-Schleife, unser Urin ist maximal vierfach konzentriert, während Wüstensäuger aufgrund ihrer sehr langen Henle-Schleife einen bis zu 25-fach konzentrierten Urin bilden können. Das macht Sinn, da sie meist keinen Zugang zu Trinkwasser haben und ausschließlich auf das in der Nahrung gespeicherte Wasser sowie das im Stoffwechsel produzierte Wasser angewiesen sind.

Tiere in warmen Gebieten zeigen neben einer hohen Wassereffizienz weitere Anpassungen wie eine generell niedrigere Stoffwechselrate oder hormonelle Unterstützung für die Hitzestressresistenz. Außerdem fressen Tiere weniger, um Wasser für die Verdauungsarbeit zu sparen. Wieder sind es Hormone, die dem Tier signalisieren, seine Nahrungsaufnahme zu reduzieren[12]. Auch wenn dem Wasserhaushalt auf diese Weise kurzfristig geholfen werden kann, leidet dann entsprechend der Energiehaushalt.

AN HANG

Anpassungen an warme Lebensräume betreffen häufig die Gestalt und Form eines Tieres. Das kann einzelne Organe, den gesamten Körper oder die Ausprägung bestimmter Körperteile betreffen. Die Verlängerung der Henle-Schleife in der Niere von Wüstennagern ist dafür ebenso ein Beispiel wie die kompakten Körper der Höhlenbewohner oder die großen Elefantenohren. Gerade wenn es um die Temperaturregulation geht, betreffen die Anpassungen oft die Körperanhänge – also alles, was von Rumpf oder Kopf »absteht« wie Extremitäten, Nase, Ohren oder Schwanz. Denn über exponierte Stellen kann bei Bedarf gut Wärme abgegeben werden. Außerdem können große Ohren und buschige Schwänze prima Schatten spenden!

Eine solche exponierte Stelle ist zum Beispiel ein Vogelschnabel. Davon hat der Papageientaucher ein Prachtexemplar vorzuweisen. In einem Feldexperiment wurde die Schnabeltemperatur von freilebenden Individuen in Alaska gemessen, und die Ergebnisse zeigen, dass über den Schnabel nach dem Fliegen Wärme abgegeben wird[89]. Berühmt für ihre Funktion zur Wärmeabgabe sind die Ohren oder besser gesagt die Ohrmuscheln. Sie unterliegen einem starken Selektionsdruck: Im kalten Habitat sind kleine Ohren von Vorteil, da so der Wärmeverlust gering gehalten wird. In der Hitze sind dagegen große Ohren von Vorteil, da sie die Oberfläche zur Abgabe von Wärme vergrößern. In den Ohren verlaufen viele Blutgefäße, und der Wärmetransport ist eine Hauptaufgabe des Blutes. Die verhältnismäßig gesehen größten Ohren im Tierreich hat ein Nagetier namens Riesenohr-Springmaus. Seine Ohren entsprechen stolzen zwei Dritteln der Körpergröße! Und es kann sie zur Wärmeabgabe in seinem heißen Lebensraum gut gebrauchen.

Je nach Lebensraum ändert sich die Größe der Ohren bei verwandten Arten. Ein Bilderbuchbeispiel für diesen Zusammenhang sind die Füchse. Der in warmen Gegenden lebende Kitfuchs hat sehr große Ohren im Verhältnis zu seiner Körpergröße. Der heimische Rotfuchs hat mittelgroße Ohren. Der arktische Polarfuchs hingegen hat diese Körperanhänge auf das Minimalausmaß reduziert. Alle drei Füchse gehören zur gleichen Gattung, sie sind also nah verwandt, doch ihr Aussehen ist sehr unterschiedlich, da es im Laufe der Evolution an den Lebensraum angepasst wurde. Beobachtungen solcher Unterschiede bei eng verwandten Arten in unterschiedlichen Lebensräumen haben schon im Jahre 1877 zur Aufstellung der sogenannten Allenschen Regel geführt. Dieses biologische Konzept ist zwar alt, und es mag viele Ausnahmen geben, aber es ist treffend, um Form durch Funktion zu erklären.

KURZ STRECKE

Bis zum Jahr 2080 wird die Temperatur in Teilen Afrikas um 1,3 °C bis 4,6 °C steigen, und Dürreereignisse werden zunehmen. Oft sind es schon kleine, aber feine Veränderungen im Verhalten, die einen großen Effekt im Umgang mit Wärmebelastung erzielen. Mein befreundeter Kollege Shane Maloney konnte zeigen, dass ein Gnu durch Änderungen in der Ausrichtung des Körpers im Verhältnis zur Sonnenstrahlung seine Wärmeaufnahme um erstaunliche 30 Prozent reduzieren kann[90]. Im Kontrast zu solchen feinen Verhaltensveränderungen steht starke körperliche Aktivität, die plötzlich auftritt, etwa bei Flucht oder Jagd, und durch Muskelarbeit zusätzlich Wärme freisetzt.

Wie wirkt es sich etwa aus, wenn man als schnellstes Tier der Welt tagsüber durch die heiße afrikanische Savanne flitzt? In Lehrbüchern wird oft berichtet, dass der Gepard seine Jagd an einem bestimmten Punkt abbricht, da er überhitzt ist. Diese Aussage beruht auf einer einzelnen Publikation aus den 1970er Jahren, die zwei zahme Individuen auf einem Laufband bei einer Geschwindigkeit von 30 Stundenkilometern über zwei Kilometer lang untersuchte. Jedoch sind Geparden als Meister der Kurzstrecke bekannt, die mit einer Geschwindigkeit von 100 Stundenkilometern rennen können, jedoch für maximal 300 Meter. Neueste Biologging-Technologie ermöglicht es heute, solche feinen Details der Thermoregulation im Freiland genau zu erforschen.

Gemeinsam mit Robyn Hetem und weiteren Kolleg:innen untersuchte Andrea Fuller die Körpertemperatur und Aktivität bei sechs freilebenden Geparden über sieben Monate in Namibia. Überhitzen aufgrund starker Anstrengung bei der Jagd stellt für Geparde im Freiland kein Problem dar. Ihre normale Körpertemperatur liegt bei 38,3 °C, und das ändert sich nicht am Ende einer Jagd, egal ob erfolgreich oder erfolglos. Nachdem die Jagd abgeschlossen ist, wird allerdings bei den erfolgreichen Tieren ein gradueller Anstieg um 1,3 °C gemessen[91]. Die Ursache scheint eine hormonelle Antwort und nicht Muskelaktivität zu sein. Dafür spricht, dass zwei Geparden gleichzeitig diesen identischen Anstieg in der Körpertemperatur zeigten: Ein Individuum, das aktiv an der erfolgreichen Jagd beteiligt war, und ein lahmendes Tier, das selbst nicht mitgejagt hatte, aber dennoch an der Beute beteiligt wurde. Diese Ergebnisse bieten keine alternative Erklärung, warum Geparden ihre Jagd nach einer bestimmten Strecke aufgeben, aber sie zeigen, dass Überhitzung nicht der Grund ist.

Wie sieht es allerdings aus, wenn man unter solchen Bedingungen einen warmen Fellkragen trägt? Die Mähne des Löwen war Fokus einer Studie aus dem Jahr 2002. Sie zeigte, dass dunklere Mähnen mehr Interesse von Weibchen wecken und damit mehr Nachwuchs bedeuten und dass die Mähne dunkler wird, je kälter der Lebensraum ist[92]. Die Autoren diskutieren außerdem, dass Mähnen eine erhöhte Körpertemperatur bedingen und daher einen hohen physiologischen Preis haben. Diese Ergebnisse basieren auf Messungen mit Wärmebildkameras. Diese Messmethode eignet sich gut, um beispielsweise die Wärmeverteilung auf einem Körper zu untersuchen, aber sie kann nicht verlässlich die Kerntemperatur eines Tieres messen, sondern immer nur die Oberflächentemperatur. Die Temperatur auf der Oberfläche entspricht der Wärme, die vom Körper abgestrahlt wird, und kann sehr von der Kerntemperatur abweichen. Als kleiner Einwurf: Das gilt natürlich auch für uns Menschen, vor allem wenn es um Fieber geht. Das ist einer der Gründe, warum Infrarot-Fieberthermometer ungeeignet sind für COVID-19-Screenings, wie Andrea Fuller in einer Veröffentlichung im Juni 2020 diskutiert[93].

Bringt die Mähne der männlichen Löwen tatsächlich einen thermoregulatorischen Nachteil? Diese Frage ließ Andrea Fuller keine Ruhe, und sie wollte die Kerntemperatur von Löwen in freier Wildbahn messen. Daher begaben wir uns als letzte Station unserer Afrikareise ins südliche Zimbabwe.

Dort untersuchte sie gemeinsam mit einem Forscherteam aus Oxford und Johannisburg über ein Jahr hinweg die Körpertemperatur von zwölf männlichen und sechs weiblichen Löwen per Biologger. Zusätzlich zur Körpertemperatur wurden Trinkverhalten und Aktivität gemessen. Wie zu erwarten, gestaltete sich die Freilandarbeit äußerst abenteuerlich, wenn es um das zweitgrößte Raubtier der Welt geht. Die Messgeräte werden mitten in der Savanne angebracht, abends, wenn die Löwen aktiv werden. Die Tierärztin Anna Haw setzt dem Tier einen Betäubungspfeil, und schon beginnt das Team an Ort und Stelle damit, den Miniatur-Biologger unter die Haut zu setzen. Oft ist es dann schon dunkel, und Massen an Fluginsekten schwirren im Gesicht herum, angelockt durch das Licht der Stirnlampen. Einer im Team übernimmt dabei den vielleicht wichtigsten Job: Ausschau halten nach anderen Löwen oder Büffeln, die sich dem Ort des Geschehens nähern[94]. Nichts für schwache Nerven!

Die durchschnittliche Körpertemperatur der Löwen beträgt 37,6 °C, und es gibt keinen Unterschied zwischen den Geschlechtern. Die Löwen erleben im Untersuchungszeitraum Umgebungstemperaturen von bis zu 46 °C, dennoch sind ihre Körpertemperaturen nicht von der Mähne abhängig[95]. Das könnte darin begründet sein, dass eine Mähne keinen Einfluss auf die Thermoregulation hat, da sie wie ein Schutzschild gegen die Strahlung wirkt, die einen Teil der Hitze wieder an die Umgebung zurückführt. Außerdem ist bei hohen Umgebungstemperaturen die Wärmeabgabe ja nur über die Verdunstungskühlung möglich. Soviel wir wissen, schwitzen Löwen nicht, sondern verdunsten Wasser durch Hecheln und

Einspeicheln, und darauf hat eine Mähne keinen negativen Einfluss. Die alternative Erklärung ist, dass die Mähne zwar eine höhere Wärmebelastung bedingt, die aber durch eine verstärkte Verdunstungskühlung ausgeglichen wird. Die Frage, ob männliche Löwen einen höheren Wasserverbrauch als Weibchen haben, konnte nicht abschließend geklärt werden. Jedenfalls ist ihre Körpertemperatur unbeeinflusst von dem warmen Fellkragen.

Auch für die weiblichen Löwen werden interessante Entdeckungen gemacht. Aufgrund der langen Laufzeit beinhalten die Datensätze Informationen zur Thermoregulation während der Trächtigkeit. In dieser Zeit wird die Körpertemperatur um 1,3 °C gesenkt und die täglichen Schwankungen um 25 Prozent reduziert, um eine Überhitzung zu verhindern[96]. Für die erfolgreiche Fortpflanzung scheint eine penibel regulierte Körpertemperatur wichtig zu sein, wahrscheinlich weil diverse hormonelle Prozesse der Reproduktion temperaturabhängig sind. Für die effektive Thermoregulation ist allerdings ein ausgewogener Wasserhaushalt notwendig.

Die in heißen Lebensräumen vorkommenden Tiere zeigen vielseitige Anpassungen und haben verschiedene Wege, um Körpertemperatur und Wasserhaushalt zu regulieren. Vor allem Trockenheit stellt sie vor eine große Herausforderung. Gewonnen wird Wasser durch Trinkwasser, Nahrung und Stoffwechselprozesse. Verloren geht Wasser durch Verdunstung und durch das Ausscheiden von Abfallprodukten. Verhaltensweisen, morphologische Anpassungen und physiologische Mechanismen helfen Wildtieren, ihren Wasserhaushalt im

Gleichgewicht zu halten. Sie sind entsprechend vom Lebensraum geformt. Wassermangel wirkt über den Hormonhaushalt, der dann unterschiedliche Aspekte wie Körpertemperatur, Nierenfunktion, Nahrungsaufnahme oder Fortpflanzung beeinflusst. Wasseraufnahme und Wasserverlust auszugleichen ist überlebenswichtig. An ihr jetziges Habitat sind sie gut angepasst, doch die prognostizierten Anstiege in Dürreereignissen und bei Maximaltemperaturen wird viele Arten testen – ob direkt durch Temperatureffekte oder indirekt durch Auswirkungen auf Nahrungsquellen, Verhalten oder Fortpflanzungserfolg.

Kapitel 4

Grenzen – Von Nischen, Mobilität und Flexibilität

Sie haben das Sagen. Weltweit. Auf jeden Menschen kommt geschätzt eine Million dieser geschäftigen Schwerstarbeiter. In den meisten Lebensräumen der Welt machen sie etwa 25 Prozent der Biomasse aller Landtiere aus. Und das trotz ihrer winzigen Körpergröße. Die Rede ist von Ameisen. Bisher sind über 12 500 Arten beschrieben, und es wird geschätzt, dass es insgesamt 22 000 Arten gibt. Sie leben in einem komplexen Sozialgefüge, sind kommunikativ und anpassungsfähig. Und faszinierend. Das findet unter anderem Nigel Andrew, Professor für Zoologie im australischen Armidale. Er ist spezialisiert auf Entomologie, die Insektenkunde, und sein Hauptaugenmerk gilt Ameisen im Klimawandel.

Schauen wir uns eine Freiland-Untersuchung von Nigel Andrew an, die sich mit Ameisen in einer Welt im Wandel beschäftigt. Dazu wählte er eine in Australien dominierende Gattung von tagaktiven, räuberisch lebenden Tieren, die riesige Nester bilden und ihr Territorium aggressiv verteidigen. Dadurch nehmen sie erheblichen Einfluss auf die Bodenstruktur und auf die Aktivität anderer Insekten in der Gegend. Nigel suchte mit Kolleg:innen ein Untersuchungsgebiet aus, das sich über 270 Kilometer erstreckt und dabei 1000 Höhenmeter abdeckt. Dadurch sind die in den verschiedenen Abschnitten lebenden Ameisen unterschiedlichen Temperaturprofilen ausgesetzt, was als Simulation eines Klimagefälles genutzt werden kann. Aber ein Stressor kommt selten allein. Der Temperaturanstieg geschieht nicht als isolierte Veränderung, sondern Tiere müssen immer eine Kombination von Einflüssen gleichzeitig bewältigen. Nigel Andrew möchte hier die Interaktion von Temperatureffekt mit der Zerschneidung des Lebensraumes, der Intensität der anthropogenen Landnutzung und des Anteils gebietsfremder Pflanzen untersuchen. Daher deckt er in den Untersuchungsgebieten zusätzlich diese Eingriffe in den Lebensraum ab, und zwar in unterschiedlich starker Ausprägung.

PLAGE GEISTER

Bisher haben wir uns vor allem mit flauschigen und federigen Tieren beschäftigt. Diese Tiergruppen sind meist im Fokus von uns Menschen. Vielleicht, weil wir selbst Säugetiere sind; vielleicht, weil unsere Haus- und Nutztiere fast ausschließlich zu dieser Gruppe gehören; vielleicht, weil viele eine Abneigung empfinden gegenüber allem, was krabbelt, kriecht und flattert. Die Anzahl von Säugetierarten, die in der freien Wildbahn leben, liegt irgendwo zwischen 5475 und 6382[97], unterteilt in Kloakentiere mit 5 Arten, Beuteltiere mit etwa 300 Arten und Plazentatiere mit weit über 5000 Arten. Das mag viel klingen, macht insgesamt jedoch gerade mal 0,4 Prozent der globalen Artenvielfalt unter den Tieren aus. Selbst alle Wirbeltiere gemeinsam, also zu den Säugetieren noch Vögel, Reptilien, Amphibien, Fische und

Rundmäuler hinzugezählt, schaffen es gerade mal auf etwa 3 Prozent der globalen Artenzahl. Der Rest fällt auf »alle anderen«, sprich Tiere ohne Wirbelsäule. Hierzu gehören beispielsweise Insekten, Spinnen, Ringelwürmer, Weichtiere, Korallen usw. Mit etwa einer Million Arten sind hier die Insekten die größte Gruppe. Und angesichts der Biomasse dominieren über alle anderen die Ameisen. Sie sind eine der erfolgreichsten Insektenfamilien, die von den Tropen bis zu Wüstengebieten alle Lebensräume besiedeln. Oft treten sie in großen Zahlen auf, stellen sowohl seltene Arten als auch invasive Arten, die erfolgreich neue Gebiete besiedeln. Obwohl Ameisen und Termiten oft in einem Atemzug genannt werden, haben sie verwandtschaftlich nichts miteinander zu tun. Die Termiten haben lange Zeit eine eigene Ordnung innerhalb der Insekten gebildet, sind aber seit 2007 mit den Kakerlaken in der Ordnung Blattodea zusammengefasst. Ameisen hingegen sind viel näher verwandt mit Wespen und Bienen, mit denen zusammen sie die Ordnung der Hautflügler bilden.

Trotz ihrer geringen Größe spielen Ameisen eine wesentliche Rolle als Ökosystem-Ingenieure. Sie beeinflussen zentrale Abläufe im Kreislaufprozess aller natürlichen Lebensräume, abgesehen von aquatischen Ökosystemen und von der Antarktis. Sie spielen dabei unterschiedliche Rollen: Sie dienen Pflanzen bei der Samenausbreitung, zersetzen totes organisches Material, belüften und schichten den Boden um, unterstützen den Nährstoffkreislauf, fressen pflanzliches Material oder andere Tiere, deren Bestand dadurch kontrolliert wird. Außerdem sind sie selbst Nahrungsquelle für viele andere Tierarten. Daher sind die kleinen Sechsbeiner entgegen ihrem schlechten Ruf als Plagegeister beispielsweise für unsere Wälder unentbehrlich. Da sie eine zentrale Rolle in ökologischen Abläufen spielen, ist es wichtig, ihre Reaktion auf die Erderwärmung zu verstehen. Eine Änderung in ihrem Verhalten oder Vorkommen kann die Struktur von Ökosystemen im Hinblick auf Bodenbeschaffenheit beeinflussen oder weitreichende Effekte auf die Nahrungskette haben.

Für Insekten-Studien ist es üblich, in der Landschaft Fallen aufzustellen, um das Vorkommen verschiedener Vertreter zu untersuchen. Das Design folgt Standards und wird jeweils der Fragestellung angepasst, oft ist beispielsweise der Fokus auf flugfähige oder nachtaktive Arten gerichtet. Natürlich werden dabei nicht alle Tiere in einem Bereich gefangen, sondern eine Stichprobe soll einen Vergleich in Raum oder Zeit ermöglichen. Entweder können durch die gefangenen Tiere mehrere Gebiete miteinander verglichen werden, oder das gleiche Gebiet wird im zeitlichen Abstand untersucht, um einen Vergleich im Vorkommen zwischen Tageszeiten oder Jahreszeiten zu ermöglichen. Auch der Einfluss von Umweltveränderungen kann so studiert werden. Das Versuchsdesign wie beispielsweise Anzahl und Abstand der Fallen muss vorher genau geplant werden, damit die Ergebnisse statistisch ausgewogen sind und sinnvoll analysiert werden können.

Das bringt uns zurück zu Nigel Andrews Ameisen-Freilandstudie zur Interaktion von Temperatureffekt und anderen Stressoren. Er hat mit seinen Kolleg:innen weit über hundert verschiedene Untersuchungsgebiete ausgewählt, jeweils mit einer Fläche von 20 × 50 Meter. Von der ursprünglichen Vegetation sind in dem Gebiet nur noch ein Drittel vorhanden, der Rest wurde entwaldet, um Platz zu schaffen für Rinder. Die Ameisenforscher stellen in jedem Untersuchungsgebiet für 14 Tage jeweils zehn Insektenfallen auf, die aus kleinen, in den Boden eingelassenen Gefäßen bestehen. Auf diese Weise werden unglaubliche 210 000 Gliederfüßer gesammelt, von denen 63 Prozent Ameisen sind.

Die Ergebnisse von Nigels Team zeigen, dass das Vorkommen von Ameisen direkt von der Pflanzenbedeckung und Bodennutzung abhängig ist. Die Artenvielfalt und die Diversität der Ameisen sind größer in Gebieten mit natürlicher, verholzter Vegetation. Überwiegen jedoch gebietsfremde Pflanzenarten oder ist der Boden kahl und landwirtschaftlich zu intensiv genutzt, leidet diese Vielfalt. Das überrascht an sich erst mal nicht. Doch die Daten zeigen zusätzlich, dass die beschriebenen Effekte verstärkt in warmen und trockenen Gebieten auftreten[98]. Und das Zusammenspiel dieser Faktoren ist besorgniserregend. Im Prinzip bedeutet dieses Resultat, dass negative Eingriffe in den Lebensraum von Temperaturänderungen verstärkt werden.

PHÄNO TYPISCH

In den vorherigen Kapiteln ging es um die Thermoregulation bei endothermen Tieren, sprich bei Säugetieren und Vögeln. Aufgrund ihrer inneren Wärmeproduktion können sie über eine sehr breite Spanne an Umgebungstemperaturen aktiv sein, egal ob -20 °C oder 40 °C. Damit stehen endothermen Arten theoretisch alle Tages- und Jahreszeiten für

Aktivität zur Verfügung. Das ist ein großer Vorteil, kostet aber viel Energie und Wasser. Anders sieht es aus bei den ektothermen Tieren: Ohne innere Wärmeproduktion sind sie für Funktionen wie Bewegung von einer entsprechenden Umgebungstemperatur abhängig. Dafür führen sie, energetisch gesehen, ein günstigeres Leben.

Wenn es sehr kalt ist, sind die meisten ektothermen Tiere nicht in der Lage, sich zu bewegen. Wird es wärmer, so kommen die physiologischen Prozesse in Gang. Jede ektotherme Art hat einen sogenannten Temperatur-Toleranzbereich, in dem sie aktiv sein kann. Dies ist nicht zu verwechseln mit der Thermoneutralzone von endothermen Säugetieren und Vögeln. Das thermische Maximum bestimmt, wie warm es werden kann, bevor irreparable Schäden auftreten. Wird es hingegen sehr kalt, so bestimmt die Frosttoleranz einer Art das Überleben. Doch wichtig ist nicht nur die obere und untere Grenze, sondern auch der Temperaturbereich, in dem die Leistungsfähigkeit eines Tieres am höchsten ist. Ektotherme Tiere versuchen diese Temperaturen durch Verhaltensänderungen zu erreichen. Das kann schon auf einer räumlich sehr kleinen Skala geschehen, etwa von der schattigen Seite auf die sonnige Seite eines Blatts zu krabbeln. Viele Tiere nutzen die Sonnenwärme, um ihren Körper auf eine optimale Temperatur anzuheben, darunter zahlreiche Vertreter der Schmetterlinge und Heuschrecken. Denn bei einer höheren Temperatur können sie schneller fliegen, besser manövrieren oder generell ihr volles Potenzial ausnutzen für Futtersuche, Partnersuche usw. Entsprechend hat das Temperaturprofil eines Lebensraums direkten Einfluss auf die Aktivität und Leistungsfähigkeit seiner ektothermen Bewohner. Die Differenz zwischen der maximalen Umgebungstemperatur und der optimalen Temperatur oder der höchsten tolerierten Körpertemperatur wird genutzt, um Überleben oder Leistung abzuschätzen. Sie gelten als Anhaltspunkt für die Pufferzone oder »Luft nach oben«, wenn es um Temperaturerhöhung in einem Lebensraum geht.

Der Bereich der Temperaturtoleranz und die optimale Temperatur sind artspezifisch und lassen sich unter kontrollierten Bedingungen relativ einfach messen. Angesichts der Klimaerwärmung ist es jedoch wichtig, nicht nur die thermischen Grenzen einer Art zu verstehen, sondern ebenso ihre Fähigkeit, diese zu verschieben. Denn die Grenzen können den Umweltbedingungen angepasst werden. Die »phänotypische Plastizität« beschreibt Änderungen beim Individuum und ist meist wieder umkehrbar. Oder die Anpassung geschieht über mehrere Generationen hinweg, wobei sich durch genetische Veränderungen ein bestimmtes Merkmal durchsetzt, weil es unter neuen Bedingungen Vorteile bringt. Die Fähigkeit, den eigenen Toleranzbereich zu verändern, entscheidet über die zukünftige Verbreitung einer Art. Dabei spielen Faktoren wie Körpergröße, Lebensdauer und Mobilität eine wichtige Rolle. Für die Wildtierforschung sind zwei Fragen zentral. Erstens: Hat die gemessene Reaktion Bestand in Raum und Zeit? Zweitens: Ist die Reaktion artspezifisch oder spiegelt sie ein generelles Muster wider, das auf vergleichbare Arten übertragen werden kann?

Mit einer Laboruntersuchung wollte Nigel Andrew den Einfluss von Temperatur auf die Physiologie von Ameisen untersuchen. Doch wie sieht das praktisch aus bei Insekten?

Wie misst man etwa die Körpertemperatur einer Ameise? Zuerst hat er ein gesamtes Ameisennest ausgegraben und ins Labor gebracht: ungefähr 1500 Individuen! Das war im Jahr 2009, ich war damals auch an der Universität in Armidale. Meine Doktorarbeit war abgeschlossen, und ich arbeitete für ein paar Monate halbtags für Nigel Andrew, während ich den Rest der Zeit an Publikationen tüftelte. Mein Job hatte nichts mit dem Ameisen-Projekt zu tun – ich war dafür zuständig, seine umfangreiche Rüsselkäfer-Sammlung mit einer nagelneuen Mikroskop-Kamera abzufotografieren. Aber ich erinnere mich an Gespräche über die logistischen und methodischen Herausforderungen des Experiments.

Generell wird angenommen, dass tropische Arten durch die Erderwärmung unter größerem Druck stehen als Tiere aus gemäßigten Zonen. Sie haben eine kleinere »Pufferzone« nach oben, da die Umgebungstemperaturen näher an ihrem thermischen Maximum liegen. Für Arten aus gemäßigten Gebieten soll es hingegen weniger kritisch sein, da sie mehr Spielraum nach oben haben. Nigel Andrew wollte diese Annahme hinterfragen, indem er Physiologie und Verhalten einer Ameisenart im gemäßigten Lebensraum untersuchte. Dazu setzte er Ameisen unterschiedlichen Temperaturen aus und analysierte ihre Laufgeschwindigkeit und Physiologie zu verschiedenen Jahreszeiten. Ein so kleiner Körper eines ektothermen Tieres nimmt nach kurzer Zeit die Umgebungstemperatur an. Daher können hier Temperaturmessungen mithilfe eines Infrarotthermometers durchgeführt werden. Die Tiere sind das ganze Jahr über aktiv, und ihre Laufgeschwindigkeit bleibt bei Körpertemperaturen von 24 bis 43 °C unverändert. Die thermischen Grenzen bleiben über das Jahr hinweg gleich, auch im Sommer werden sie nicht nach oben verschoben[99]. Die Aktivitätszeit wird dabei der Oberflächentemperatur angepasst. Sogar wenn es sehr heiß ist, sind die Tiere aktiv, wenn auch nur für wenige Minuten, und bringen sich nahe an ihr thermisches Maximum.

Die Ergebnisse zeigen, dass die Anpassungsfähigkeit der Ameisen begrenzt ist und dass selbst Arten mit unterirdischen Nestern nicht sicher sind vor hohen Temperaturen, wenn sie ihre Nahrung tagsüber suchen müssen. Selbst in gemäßigten Zonen muss nicht zwingend viel Luft nach oben sein in Bezug auf Anpassung von thermischen Grenzen. Das vorausgesagte häufigere Auftreten sehr hoher Temperaturen kann Populationen vor Probleme stellen. Wie Nigel Andrew und sein Team schlussfolgern, haben Ameisen verschiedene Möglichkeiten, mit diesen Herausforderungen umzugehen. Sie müssen entweder ihre Aktivitätszeit ändern, den Verlust vieler Arbeiter durch Hitzetod in Kauf nehmen oder Strategien entwickeln, um den Kontakt mit der heißen Oberfläche zu minimieren, wie zum Beispiel sich an Grashalmen abzukühlen oder nur im Schatten Nahrung zu suchen. Jede Möglichkeit könnte tendenziell großen Einfluss haben auf das lokale ökologische Gleichgewicht.

ZEIT LICH

Tiere haben generell drei Möglichkeiten, auf eine Temperaturänderung zu reagieren. Entweder können sie die neuen Bedingungen tolerieren, oder sie weichen räumlich oder zeitlich aus. Eine Veränderung im Raum kann eine Verschiebung des Verbreitungsgebiets bedeuten oder auch nur eine andere räumliche Nutzung des derzeitigen Habitats, wie das Aufsuchen schattenspendender Vegetation. Die zeitliche Komponente hingegen untersucht, wie tag- und nachtaktive Arten das tägliche Temperaturprofil nutzen. Um steigenden Temperaturen tagsüber zu entgehen, liegt es auf der Hand, die Aktivität in die kühlere Nacht zu verlegen.

Ein interessantes Beispiel für die vielseitigen Effekte einer zeitlichen Verschiebung hat meine Kollegin Noga Kronfeld-Schor in kleinen Nagetieren gefunden. Die Gold-Stachelmaus und die Ägyptische Stachelmaus kommen in denselben Gebieten vor, sind jedoch zu verschiedenen Tageszeiten aktiv. Es scheint aber, dass das nicht auf freiwilliger Basis geschieht, sondern dass die Gold-Stachelmaus durch Konkurrenz zur Tagaktivität gezwungen wird. Wenn die andere Art nämlich aus einem Gebiet entfernt wird, dann wechselt die Gold-Stachelmaus zur Nachtaktivität. Auch Untersuchungen der Augen zeigen bei beiden Arten eine Anpassung an die Dunkelheit[100]. Um der für sie schlecht zu ertragenden Helligkeit während des Tages zu entgehen, hält sich die Gold-Stachelmaus, soviel es geht, im Schatten auf.

Es mag vielleicht einfach klingen, die Aktivitätszeit als Antwort auf Temperaturveränderungen zu verschieben. In der Praxis ist es aber eine große Herausforderung, denn mit der Tageszeit ändern sich neben der Temperatur auch Konkurrenz, Nahrung, Fressfeinde, Strahlungsintensität und Lichtverhältnisse in einem Lebensraum. Es ist abhängig von der Anpassungsfähigkeit einer Art, wie gut sie mit diesen neuen

Faktoren umgehen kann. Diese Überlegungen sind wichtig für die Verschiebung der Artenzusammensetzung einer Lebensgemeinschaft. Der Klimawandel bedeutet in vielen Gebieten höhere Minimaltemperaturen während der Nacht. Arten, die an nächtliche Temperaturen angepasst sind, können in Schwierigkeiten geraten, da sie nicht die Möglichkeit haben, auf eine kühlere Tageszeit auszuweichen.

Während sich Temperatur oder Niederschlag ändern, gibt es einen Umwelt-Parameter, der sich jeglichen Änderungen energisch entgegenstellt: die Tageslänge. Die sogenannte Fotoperiode reguliert viele wichtige Abläufe im Körper, wie etwa Hormonlevel, und beeinflusst dadurch sowohl die tägliche Aktivität von Tieren als auch jährlich auftretende Prozesse wie Fortpflanzung. Angesichts der evolutiv betrachtet schnellen Änderung von Temperatur und Niederschlag sehen sich Tiere zunehmend einer Diskrepanz ausgesetzt, denn die Fotoperiode bleibt unverändert, während etwa das höchste Nahrungsangebot für den Nachwuchs zeitlich verschoben wird[101].

MIKRO KLIMA

Neben zeitlichen Verschiebungen können Tiere auf Umweltveränderungen mit Antworten auf räumlicher Ebene reagieren. Das kann großflächige Verschiebungen betreffen, die wir im nächsten Kapitel betrachten, oder aber sehr feinskalierte Reaktionen. Und für die ist das Mikroklima entscheidend. Für eine Ameise etwa ist ausschlaggebend, welche Bedingungen sie in einem kleinen Bereich in Bodennähe vorfindet. Die sind abhängig von Topographie, Geographie und Vegetation. Beispielsweise beeinflusst die Dichte und Zusammensetzung der Pflanzengemeinschaft das Temperaturprofil und die Lichtverhältnisse an der Oberfläche. Die so entstehenden Temperatur-Mosaike auf kleiner Skala können bei standardisierten Messungen an Wetterstationen nicht wahrgenommen werden, haben jedoch auf die Leistungsfähigkeit eines Tieres großen Einfluss.

Wie groß oder klein ist eigentlich der Bereich für ein bestimmtes Mikroklima? Selbst auf dem Blatt eines Baumes kann es Unterschiede geben! Eine spannende Publikation hierzu kommt aus Frankreich. Sie nimmt uns mit auf eine Reise hinein in den Mikrokosmos eines Apfelbaums. Sechs winzige Blattbewohner werden hier unter die Lupe genommen, und zwar zwei Arten von Milben, zwei Blattläuse, eine Miniermotte und eine Blattwanze. Für alle diese Tiere, die es zum Teil nicht mal auf einen Millimeter Länge schaffen, bestimmen die Forscher die thermischen Grenzen. Zusätzlich untersuchen sie die Eigenschaften der Blätter durch Messungen von Kohlenstoffdioxidaufnahme, Temperatur und Wasserverlust. Die Ergebnisse verdeutlichen, dass einige dieser winzigen Insekten aktiv zur Kühlung ihres Mikroklimas beitragen. Sie knabbern kleine Löcher in das Blatt und erhöhen dadurch dessen Transpiration, was aufgrund von Verdunstungskühlung die Temperatur herabsetzt[102]. Sie bauen sich sozusagen eine Klimaanlage in ihr Eigenheim! Das ist zwar schlau, jedoch geht der Schuss nach hinten los. Denn dadurch mussten sie sich nicht evolutiv anpassen, um mit höheren Temperaturen umzugehen, und sind sozusagen nicht genug abgehärtet, um Hitze zu ertragen. In der Tat unterscheiden sich die thermischen Grenzen der sechs »Blatt-Kollegen« um mehr als 8 °C. Obwohl es sich um winzige Tiere handelt, die alle auf einem Apfelbaumblatt leben!

Ein gutes Modell für den Effekt von räumlichen Unterschieden in Temperaturprofilen sind Vergleiche zwischen Tieren aus ländlichen und urbanen Lebensräumen. Städte sind meist um einige Grad wärmer, sie bilden sogenannte Wärmeinseln. Tägliche Schwankungen der Temperatur erfolgen hier aufgrund der versiegelten Flächen schneller, da eine natürliche Pufferwirkung durch Vegetation wegfällt. Eine Studie aus den USA untersucht den Temperatureffekt auf sogenannte Ahorn-Ameisen. Diese Art lebt in hohlen Eicheln, die auf den Boden gefallen sind. Forscher:innen sammelten Tiere in Stadt und Land, um sie im Labor zu untersuchen[103]. Gleiche Art, anderes Mikroklima. Diese eingesammelten Tiere werden jedoch nicht direkt auf Temperaturempfindlichkeit hin untersucht, sondern erst wird im Labor die nächste Generation gezüchtet. Die Tiere werden unter identischen Bedingungen gehalten, und es wird ihre Fähigkeit gemessen, mit einer langsamen und schnellen Temperaturänderung umzugehen.

Es zeigt sich: Urbane Ameisen sind toleranter. Zumindest gegenüber schnellen Änderungen in der Umgebungstemperatur. Das Mikroklima beeinflusst physiologische Merkmale einer Population, und diese Änderung ist im Erbgut verankert. Denn die Fähigkeit, mit einem schnelleren Temperaturwechsel umzugehen, wurde hier nicht vom Individuum gelernt, sondern von der Elterngeneration weitergegeben. Interessanterweise gilt das nur für den Temperaturanstieg und nicht für den Temperaturabfall. Das deckt sich mit Temperaturmessungen in hohlen Eicheln in der Stadt im Vergleich zum Land, die sich zwar schneller aufwärmen, aber keinen Unterschied in der Abkühlrate zeigen.

Änderungen in der Umgebungstemperatur können auch die Gestalt und das Gewicht von Tieren beeinflussen. Für die meisten ektothermen Tiere wird erwartet, dass sie als Antwort auf den Klimawandel kleiner werden. Da eine Erwärmung die Stoffwechselrate erhöht, kann weniger Energie für das Wachstum bereitgestellt werden. Die kleine Fischart Wüstenkärpfling wurde als Reaktion auf Temperaturveränderungen über einen Zeitraum von sechs Jahren um 39 Prozent leichter und um 7 Prozent kürzer[104]!

Landnutzung und Vegetation sind wichtig für die Funktion eines Ökosystems. Pflanzen bieten Tieren Nahrung, Material zum Nestbau und schützen sie vor Räubern, außerdem beeinflussen sie das Mikroklima und verändern die Qualität des Bodens durch ihre Belüftung schaffenden Wurzeln. Um die Interaktion von Temperatur und Pflanzen zu untersuchen, führte Nigel Andrew ein sogenanntes Transplantations-Experiment durch[105]. Erst sammelte er Samen einer Baumart, die als wichtige Futterquelle für viele Insekten dient. Anschließend züchtete er die Samen für zwölf Monate in einem Gewächshaus und pflanzte dann 160 junge Bäume in verschiedenen Gegenden, die sowohl innerhalb des natürlichen Verbreitungsgebiets als auch weiter nördlich liegen, wo die Durchschnittstemperatur 5 °C wärmer ist. Die Bäume wurden durch Zäune vor hungrigen Wirbeltieren geschützt, und in den folgenden zwölf Monaten wurde untersucht, welche Insekten auf den Pflanzen in den verschiedenen Gebieten zu finden sind.

Die Zahl der weltweit beschriebenen Arten wird auf etwa zwei Millionen geschätzt. Das bezieht sich auf Pflanzen und Tiere. Davon fallen etwa eine Million auf Insektenarten! Angesichts der enormen Anzahl von Insekten werden Arten häufig hinsichtlich ihrer Rolle im Ökosystem eingeteilt. Beispielsweise werden Tiere mit einer ähnlichen Nahrung in einer Gruppe zusammengefasst, auch wenn sie verwandtschaftlich weit voneinander entfernt sind. Man spricht dann auch von einer ökologischen Gilde. Eine solche Einteilung erleichtert den Vergleich von Untersuchungsgebieten. Es geht dann nicht so sehr um eine spezielle Art an sich, sondern um ihre Funktion im Ökosystem, sprich: Wo lebt sie, was frisst sie, wie viel frisst sie, wie vermehrt sie sich, von wem wird sie gefressen. Auch Nigel Andrew nutzt diese Einteilungen, um sein Transplantations-Experiment zu analysieren. Die Artenzusammensetzung der Gebiete unterscheidet sich zwar stark, jedoch ist die Zusammensetzung der Nahrungsgilde sehr ähnlich. Der Klimawandel veranlasst Tiere, ihre Verbreitungsgebiete zu ändern, und daher werden Pflanzen in der Zukunft wohl neue Insekten-Untermieter bekommen. Dabei ist anzunehmen, dass sich zwar die Artenzusammensetzung einer Insekten-Gemeinschaft ändert, aber nicht zwingend ihre Struktur.

STERNEN TANZ

Zugegeben, sie haben nicht die glamouröseste aller Nahrungsquellen: die Mistkäfer. Sie fressen den Kot von Pflanzenfressern, auch Dung genannt. Die Begriffe Mistkäfer oder Dungkäfer werden allgemein für eine Großzahl von Käfern gebraucht, die sich von Dung, Pilzen oder ähnlichem ernähren. Dazu zählt ein Blatthornkäfer aus Afrika, der durch eine faszinierende Entdeckung im Jahr 2013 berühmt wurde: Sternentanz! Als nachtaktives Tier bricht der Käfer ein Stück von einem Kothaufen ab, formt es zu einer Kugel, die meist viel größer ist als er selbst, und rollt diese dann zu seinem Nest, um dort ein Ei in der Kugel abzulegen, die seinem Nachwuchs als Nahrung dient. Doch wie findet der Käfer den Weg zurück zu seinem Nest? Er ist ein Sternengucker! Ja, während er den Dung formt, tanzt er buchstäblich auf der Dungkugel herum und schaut dabei in die Sterne, um sich dann von der Milchstraße den Weg weisen zu lassen. Diese erstaunliche Entdeckung machte ein Forscherteam um die schwedische Professorin Marie Dacke[106].

Es ist lange bekannt, dass Tiere zur Orientierung in der Landschaft die unterschiedlichsten Umweltfaktoren nutzen, sei es das Erdmagnetfeld, der Mond, der Sonnenstand oder sogar Gerüche. Ich hatte sowohl in Frankfurt als auch im australischen Armidale die Möglichkeit, zwei Pionierforscher:innen der Magnetorientierung, Roswitha und Wolfgang Wiltschko, über die Schulter zu schauen. Der Einblick in dieses Forschungsgebiet war äußerst spannend. Die beiden erzeugten experimentell Magnetfelder mithilfe sehr starker Magnetspulen, um so die Orientierung von Zugvögeln zu untersuchen. Die kleinen Graumantelbrillenvögel wurden anschließend wieder wohlbehalten auf ihre Reise nach Tasmanien geschickt. Tiere orientieren sich anhand der verschiedensten Hilfestellungen – doch Mistkäfer sind die ersten Tiere, die nachweislich die Milchstraße als Orientierungshilfe nutzen!

Im Labor vertiefte das schwedische Forscherteam die Untersuchungen an Mistkäfern. Sie setzten die Käfer in die Mitte einer kleinen Arena auf eine Dungkugel und zeigten ihnen Fotos des Sternenhimmels. Die Käfer machten ihren Orientierungstanz und rollten die Kugel anschließend zum Rand der Arena. Die Wissenschaftler:innen notierten die benötigte Zeit und die Richtung. Sie benutzten dabei Fotos mit verschiedenen Abschnitten der Milchstraße und setzten den Käfern eine kleine Mütze aus Pappe auf, um zu sehen, welchen Effekt die visuellen Stimuli haben. Es wurde deutlich, dass die Käfer nicht etwa einzelne Leitsterne nutzen, sondern die gesamte Milchstraße, beziehungsweise den Kontrast zwischen dem südlichen und nördlichen Teil[107]. Und das alles, während sie auf einem Ball aus Mist tanzen!

DIENST LEISTUNG

Ökosystemdienstleistung. Dieses lange, holprige Wort beschreibt den ökonomischen Nutzen, den ein Ökosystem den Menschen bietet und wird im Englischen *Ecosystem Services* genannt. Auch wenn der Gedanke erst etwas befremdlich sein mag, so hilft er doch bei der Öffentlichkeitsarbeit. Man pinselt sozusagen Wildtieren ein Dollarzeichen auf die Nase. Ein eindrückliches Beispiel dafür sind Fledermäuse. Millionen von ihnen sterben derzeit in den USA und in Kanada an einer Infektionskrankheit, die durch einen Pilz verursacht wird. Über zwei Jahre habe ich im kanadischen Winnipeg und Saskatoon an der Interaktion dieser Krankheit mit dem

Winterschlaf geforscht[108]. Es ist leider schwer, in der Gesellschaft Sympathien für diese scheuen, faszinierenden Tiere zu wecken. Doch als Wissenschaftler schätzten, dass die sterbenden Fledermäuse die amerikanische Landwirtschaft pro Jahr 3,7 Milliarden US-Dollar kosten könnten, da wurden viele hellhörig[109]. Ja, Fledermäuse vertilgen tonnenweise flugfähige Insekten, die in großen Zahlen auftreten und den Bauern durch Ernteschäden Sorgen bereiten. Fallen die Fledermäuse weg, so gibt es weniger natürliche Kontrolle über die hungrigen Insekten. Entsprechend müssen vermehrt Insektizide gesprüht werden, um Schäden in der Landwirtschaft zu reduzieren. Das kostet Geld und ist ungesund für die Verbraucher. Tiere erhalten aufgrund ihrer Ökosystemdienstleistung Anerkennung aus der ökonomischen Perspektive.

Abgesehen vom Massenauftreten einiger Insektenarten, die schlimme Ernteschäden verursachen können, haben die Sechsbeiner eine wichtige, nachhaltige Rolle in den Ökosystemen weltweit. Wie bei den Fledermäusen kann man auch Insekten einen ökonomischen Wert zuschreiben. Am bekanntesten ist der Dienst der Bienen zum Bestäuben unzähliger Nutzpflanzen. Ihr ökonomischer Wert für die US-amerikanische Landwirtschaft wird auf 3,8 Milliarden US-Dollar geschätzt. Eine Studie aus dem Jahr 2015 gibt zu bedenken, dass Bienenschutz nicht nur auf einer ökonomischen Grundlage basieren sollte, denn Nutzpflanzen werden nur von einer kleinen Anzahl häufiger Bienenarten bestäubt, und viele seltene, bedrohte Arten fallen bei diesem Fokus durch das Raster[110].

Auch Mistkäfer spielen eine erhebliche Rolle für die Funktion von landwirtschaftlichen Systemen, da sie durch das Einbringen von Dung den Nährstoffgehalt und die Qualität der Böden erhöhen. Zusammen mit einem Kollegen erforschte Nigel Andrew, wie Mistkäfer von den wärmeren und variableren Temperaturen im Rahmen der Erderwärmung beeinflusst werden. Dafür wurden Käfer in drei verschiedenen Klimakammern gehalten. Das Temperaturprofil in der ersten Kammer entspricht den natürlichen Bedingungen, in der zweiten Kammer werden 0,2 °C und in der dritten 4 °C addiert. Dann wird das Verhalten der Käfer beobachtet und analysiert: Dung abbrechen, Dungkugel rollen, Kugel vergraben, Ei ablegen und überleben. Die Ergebnisse, veröffentlicht 2019 in »Ecological Entomology«, zeigen, dass die Temperatur keinen Einfluss auf die Anzahl oder die Größe der Dungkugeln hat. Jedoch werden unter wärmeren Bedingungen weniger Kugeln vergraben. Und da vergrabene Kugeln eine höhere Wahrscheinlichkeit haben, Eier zu enthalten, kann dieser Einfluss weitreichende Folgen für den Fortbestand einer Population haben.

MOBILITÄT

Jede Tierart hat eine sogenannte Temperaturnische. Darunter versteht man eine Temperaturzone, in der die Art am häufigsten zu finden ist. Als Folge der Erderwärmung gibt es weltweit Verschiebungen von Temperaturzonen, und dementsprechend verändern sich tierische Verbreitungsgebiete. Richtung und Geschwindigkeit, in der sich eine artspezifische Temperaturzone bewegt, bestimmen, ob ein Tier ihr erfolgreich folgen kann. Außerdem ist die Mobilität entscheidend.

Eine wichtige Publikation zur Verbreitung flugfähiger Insekten wurde im Jahr 1999 von der Klimaforscherin Camille Parmesan gemeinsam mit Kolleg:innen publiziert[154]. Darin wurde erstmals bei Schmetterlingen die Verschiebung von Verbreitungsgrenzen gen Norden systematisch beschrieben. Diese Grenzverschiebung einer Tierpopulation läuft nicht innerhalb einer Generation ab. Vielmehr geschieht sie durch Prozesse des lokalen Aussterbens an der südlichen Verbreitungsgrenze und durch die Kolonisierung neuer Gebiete am nördlichen Ende. Unter den Schmetterlingen gibt es erstaunliche Langstreckenflieger, die jährliche Zugbewegungen von mehreren tausend Kilometern vollbringen. Doch um die ging es in dieser Studie nicht, sondern hier wurde das Vorkommen von lokal lebenden Arten untersucht. Für die nördliche Verbreitung wurden Daten aus Großbritannien, Finnland, Estland und Schweden analysiert und für die südlichen Grenzen Informationen aus Frankreich, Spanien, Algerien, Marokko und Tunesien. Für 35 Arten waren Daten für das gesamte Verbreitungsgebiet in den vergangenen 30–100 Jahren vorhanden, davon zeigten 63 Prozent eine Verschiebung gen Norden und 35 Prozent blieben unverändert.

Das Verbreitungsgebiet einiger untersuchter Schmetterlingsarten vergrößert sich, indem die südliche Grenze bestehen bleibt und die nördliche Grenze zum Pol hin wandert. Bei vielen behält es seine Größe bei und verschiebt sich nur nordwärts. Diese Verschiebungen geschehen mit einer Geschwindigkeit von 35 bis 240 Kilometern innerhalb eines Jahrhunderts. Die Tiere können also erfolgreich neue Populationen in Gebieten nördlich ihrer bisherigen Verbreitungsgrenze etablieren. Als Auslöser nennen die Autor:innen klimatische Veränderungen als sehr wahrscheinlich. Da die Erwärmung im vergangenen Jahrhundert gering war im Vergleich zu den Vorhersagen für das kommende Jahrhundert, kann erwartet werden, dass das Klima eine treibende Kraft in der Neuverteilung von Arten sein wird und schon ist. Und es bleibt abzuwarten, wie erfolgreich sich Arten in den stark beeinflussten Gebieten im nördlichen Europa weiterhin etablieren können.

Am Leibniz-Institut für Zoo- und Wildtierforschung in Berlin forscht Viktoriia Radchuk. Auch sie untersucht Klimaeffekte auf Wildtiere und hat sich eingehend mit der Populations-Dynamik von Schmetterlingen befasst. Ergebnisse einer Studie über den Randring-Perlmuttfalter zeigen, dass die verschiedenen Entwicklungsstufen miteinbezogen werden müssen, um das volle Spektrum der Folgen von Temperaturänderungen zu verstehen. Für den Erfolg einer Art sind nicht nur die Temperatureffekte auf das erwachsene Tier entscheidend, sondern ebenso der Einfluss auf Ei, Puppe und Larve. Eine Erwärmung hat zwar einen positiven Einfluss auf das Überleben von Ei und Puppe sowie auf die Fortpflanzungsfähigkeit, wirkt sich jedoch negativ auf das erfolgreiche Überwintern der Larve aus. Viktoriia Radchuk erstellte Modelle zur Funktionsfähigkeit von Populationen unter drei Klimawandel-Szenarien, die einen Rückgang von 88 Prozent prognostizieren[111]. Obwohl also viele Aspekte in einem Schmetterlingsleben positiv durch wärmere Temperaturen beeinflusst werden, kann schon die negative Reaktion einer Entwicklungsstufe einen Populationseinbruch bewirken.

Insekten spielen eine unentbehrliche Rolle in den Ökosystemen weltweit. Sie dienen vielen Vögeln als Hauptnahrungsquelle und sind für die Bestäubung von geschätzten 80 Prozent der Pflanzen verantwortlich. Eine Literaturanalyse belegt den drastischen Einbruch im Insektenvorkommen. Befürchtungen gehen von einem Verlust von über 40 Prozent der Arten in den kommenden Jahrzehnten aus. Die Autoren nennen die folgenden Gründe mit absteigendem Einfluss: Verlust von Lebensraum durch Intensivlandwirtschaft und Urbanisierung, Umweltgifte wie Pestizide und Düngemittel, Krankheitserreger, Neozoen und Klimawandel[112].

Auch in Deutschland gibt es immer weniger Insekten. Im Alltag merkt man das schon daran, dass heute im Sommer viel weniger Insekten an der Windschutzscheibe kleben als früher. Ein Rückgang von Insekten ist nicht gut, auch wenn der Gedanke an weniger Mücken im Spätsommer vielleicht erst mal verlockend erscheinen mag. Eine Studie berichtet von einem Rückgang der Biomasse von Fluginsekten um 75 Prozent über einen Zeitraum von 27 Jahren[113]. Ganz unabhängig von der Artenzusammensetzung muss eine solch drastische Reduktion in der Masse von Insekten Folgen für ihre Funktion in einem Ökosystem habe. Das Autoren-Team legt sich nicht auf eine Ursache des Rückgangs fest, als am wahrscheinlichsten wird der Einfluss der Intensivlandwirtschaft genannt durch verstärkten Einsatz von Pestiziden und Düngemitteln sowie intensiverer Bodennutzung.

Für Käfer in Nordamerika wurde über einen Zeitraum von 47 Jahren ein Rückgang von über 80 Prozent gemessen.

Die Klimaerwärmung wurde als Hauptgrund identifiziert[114]. Eine im Mai 2020 veröffentlichte Studie fügt einen weiteren Punkt zur Liste der möglichen Gründe zum Insektenschwund hinzu: ein reduzierter Nährstoffgehalt in den Pflanzen! Durch eine intensivere Nutzung des Bodens und durch eine Zunahme an Pflanzenmasse werden vorhandene Nährstoffe unter mehr Pflanzen aufgeteilt, und es kommt zu einer Verdünnung des Nährstoffgehalts in den einzelnen Pflanzen. Das bekommen die davon fressenden Insekten zu spüren[115]. Ein weiterer wichtiger Faktor für intakte Insektengemeinschaften ist ein heterogenes Mikroklima, also ein Lebensraum, der Gebiete mit unterschiedlichen Temperaturen zur Wahl stellt. Je stärker eine Insektenart bedroht ist und je intensiver die Temperaturerhöhung in einem Gebiet ist, desto bedeutender ist die Wirkung des Mikroklimas[116].

FROSCH LAICH

Wie ein Labyrinth. Fünf Jahre lang habe ich am Institut für Zoologie der Universität Hamburg gearbeitet, und noch immer könnte ich mich in den langen fensterlosen Gängen und diversen Treppenaufgängen verirren. In den zwei unterirdischen Stockwerken ist es fast schon gruselig. Wir befinden uns im Jahr 2015, und hinter einer dicken Tür mit schwerfälligem Drehschiebemechanismus, der an einen Bunker erinnert, hört man es scheppern und klirren. Wasser spritzt und Pumpen brummen. Zwischendurch das gedämpfte Gemurmel von drei Forscher:innen. Einer davon ist Julian Glos. Er sucht am liebsten in den Wäldern Madagaskars nach Fröschen und widmet sich deren Gemeinschaftsökologie. Die Zweite im Bunde ist Kathrin Dausmann. Kathrin sucht am liebsten in den Wäldern Madagaskars nach Lemuren, um deren Ökophysiologie zu studieren. Doch die beiden forschen auch gern an heimischen Tieren, und hier haben sie sich zusammengetan, um ein Projekt über den Einfluss von Temperatur auf die Entwicklung von Fröschen zu leiten. Die Dritte im Bunde ist Katharina Ruthsatz, eine Doktorandin, die eigentlich Lehrerin werden wollte, aber dann doch ihrem wissenschaftlichen Interesse gefolgt ist.

Im Zentrum der Hamburger Untersuchungen steht die phänotypische Plastizität. Wie schon bei Insekten besprochen, beschreibt sie die Fähigkeit eines Tieres, flexibel auf Veränderungen in der Umwelt zu reagieren. Aufgrund einer gemachten Erfahrung ändert es sein Verhalten oder seine Physiologie. Demgegenüber steht die evolutive Adaption, bei der durch Selektion eine Änderung über mehrere Generationen erzeugt und langfristig gespeichert wird. Beide Prinzipien können aber auch zusammen agieren, indem phänotypische Plastizität einen drohenden Populations-Zusammenbruch abfedert und dann durch Selektion entsprechende Merkmale gefördert werden.

Frösche sind Umweltbedingungen relativ ungeschützt ausgesetzt. Durch ihre feuchte Haut stehen sie in direktem Austausch mit der Umgebung. Während Eier und Larven im Wasser leben, kommen adulte Tiere ans Land, daher müssen Frösche in beiden Lebensräumen mit Stressoren wie Temperatur, Nahrungsangebot, Umweltgiften oder Parasiten zurechtkommen. Katharina Ruthsatz hat verschiedene Versuche entworfen, um die Anpassungsfähigkeit von Fröschen zu untersuchen. Für die Untersuchungen müssen unzählige Aquarien aufgestellt und ein perfektes System für die Belüftung und die Temperaturregulation installiert werden. Denn die Temperatur muss penibel kontrolliert werden können. Wochenlang verbringt sie unzählige Stunden in dem kleinen Kellerraum und stellt ihr Durchhaltevermögen unter Beweis – da zahlt sich doch das Marathonlaufen aus! Endlich steht alles. Dann muss Laich vom einheimischen Grasfrosch beschafft werden. Dafür fahren die Forscher:innen in einen nahgelegenen Waldpark und sammeln dort den Laich ein. Es kann losgehen.

Viele Wochen später möchte ich mir in unserer gemütlichen Elch-Lounge einen Kaffee machen. Anstatt der sonst munteren Plauderei gibt es hier heute lange Gesichter. Katharina erzählt, dass eine technische Panne über Nacht die Regulation der Wassertemperatur in den Aquarien so durcheinandergebracht hat, dass sie das Experiment noch einmal von vorn beginnen müssen. Monate harter Arbeit sind futsch. Von nun an verbringt sie praktisch Tag und Nacht in dem Kellerlabyrinth. Der Stresslevel bei allen Beteiligten steigt. Und um den Stresslevel der Frösche geht es auch bei der Untersuchung. Während ihrer Entwicklung reagieren die Tiere auf ihre Umgebungstemperatur. Die Metamorphose stellt einen faszinierenden Gestalt- und Funktionswechsel während der Entwicklung dar und liefert für diese Untersuchungen einen spannenden Hintergrund. Froschlarven entwickeln sich schneller bei wärmeren Wassertemperaturen, aber sie sind nach der Metamorphose kleiner. Demnach haben schon kleine Temperaturveränderungen in Laichgebieten große Auswirkungen auf Individuum und Population, die wiederum umweltabhängig sind. Warme Umgebungstemperaturen können die Entwicklung beeinflussen. Mit den Untersuchungen im Kellergewölbe des Zoologischen Instituts sollen nun weitere Stressfaktoren aufgedeckt werden.

Und das werden sie. Die Ergebnisse der Hamburger Froschforscher:innen zeigen unter anderem, dass sich der Stresslevel einer Kaulquappe negativ auf ihre Fähigkeit auswirkt, mit neuen Umweltbedingungen zurechtzukommen. Gestresste Frösche haben sozusagen einen kleineren Handlungsspielraum als Frösche, die ein stressfreies Leben führen. Stress ist hier allgemein gemeint und wurde experimentell durch Hormonzugabe erzielt. Verschiedene Arten von Stress haben die gleiche hormonelle Auswirkung. Der Auslöser ist also letztendlich egal, es können menschliche Einflüsse wie Schadstoffbelastungen oder Störungen sein oder natürliche Faktoren wie Fressfeinde oder austrocknende Gewässer. Stress beeinflusst, wie gut die Tiere während ihrer Entwicklung auf steigende Temperaturen reagieren können. Auch kann das Team zeigen, dass schädliche Einflüsse von Stressoren während des Larvenstadiums den Energieverbrauch steigern und spätere Entwicklungsschritte beeinflussen[117]. Die Faktoren Temperatur, Entwicklung, Hormone und Stressoren sind eng miteinander verwoben, und wir beginnen gerade erst damit, die komplexen Interaktionen in einem Froschleben zu verstehen.

Von den weltweit 8200 Amphibien-Arten gehören knapp 90 Prozent zu den Fröschen, der Rest sind Salamander, Molche und Blindwühlen. Laut der Weltnaturschutzunion IUCN sind 41 Prozent der bisher kategorisierten Amphibienarten vom Aussterben bedroht. Viele von ihnen leben in den Tropen, haben kleine Verbreitungsgebiete und sind hochspezialisiert auf die dortigen Bedingungen. Für Salamander in Berggebieten sieht es besonders düster aus. Habitatverlust und Erderwärmung sind nicht die einzigen Stressoren für Amphibien. Infektionskrankheiten stellen ein großes Problem dar. Während ein im Jahr 2001 beschriebener Chytridpilz über 200 tropische Amphibienarten an den Rand des Aussterbens gebracht hat, verursacht ein ähnlicher Erreger seit zehn Jahren ein Massensterben unter Molchen in Mitteleuropa.

Das Beispiel des Amphibiensterbens unterstreicht einen weiteren wichtigen Faktor des Klimawandels: Die Interaktion von Infektionskrankheiten und Temperaturveränderungen. Eine Studie untersuchte den Verlauf der Pilzerkrankung bei Fröschen. Der stark bedrohte Panama-Stummelfußfrosch bevorzugt kühle Temperaturen und in dem Versuch werden die Effekte der Pilzerkrankung dramatischer, je wärmer die Umgebungstemperatur ist[118]. So können Folgen der Klimaerwärmung das Amphibiensterben durch Infektionskrankheiten weiter verschlimmern. Die Globalisierung trägt ihren Teil dazu bei, indem sie es Krankheitserregern ermöglicht, sich schnell und unkontrolliert über den Globus zu verteilen. Eine Erwärmung der Umwelt kann also entsprechende indirekte Wirkungen haben, die schwer vorauszusagen sind.

SCHAD STOFF
Wie Amphibien sind auch Reptilien von der Umgebungstemperatur abhängig. Auch bei ihnen beginnt diese Abhängigkeit schon sehr früh in der Entwicklung. Die Temperatur

im Nest von Schildkröten, Krokodilen und Echsen bestimmt das Geschlecht vom Nachwuchs. Für viele Arten bedingt eine warme Temperatur mehr weiblichen Nachwuchs, und wenn es kühler ist, schlüpfen mehr männliche Tiere aus den Eiern. »Temperaturabhängige Geschlechtsdetermination« heißt das im Fachjargon. Normalerweise suchen die Weibchen vor der Eiablage ein Nest mit einer Temperatur, die das richtige Gleichgewicht von Geschlechtern ihrer Nachkommen garantiert. Anschließend hat es allerdings keine Kontrolle über die Wetterlage während der Entwicklung. Bei einigen Schildkröten wird beispielsweise erst etwa drei Wochen nach der Eiablage das Geschlecht bestimmt. Wenn es während dieser Zeit zu warm ist, schlüpfen nur weibliche Nachkommen, und ein unausgeglichenes Geschlechtervorkommen kann langfristig eine Population gefährden.

Die Festlegung des Geschlechts kann neben der Temperatur auch von anderen Faktoren beeinflusst werden. Ein Beispiel sind Chemikalien. Wenn diese anthropogen produzierten Substanzen in die Umwelt gelangen, können sie eine Gefährdung für das Hormonsystem und die Entwicklung darstellen. Untersucht wird diese Wirkung vom Fachgebiet der Ökotoxikologie, das eine Symbiose aus Toxikologie, Ökologie und Umweltchemie ist. Während meines Biologiestudiums an der Goethe-Universität in Frankfurt hatte ich die Möglichkeit, im Arbeitskreis von Jörg Oehlmann einen Einblick in diese angewandte Forschung zu bekommen. Sie untersucht die Auswirkungen von Chemikalien auf Individuen, Populationen und ganze Ökosysteme.

Der Eintrag von anthropogen hergestellten Substanzen in die Umwelt kann weitreichende Folgen für die tierischen Bewohner haben. Unzählige Schadstoffe wie Pflanzen- oder Holzschutzmittel, Arzneimittel oder Sonnencreme gelangen absichtlich oder unabsichtlich in unsere Fließgewässer. Die Ökotoxikologie untersucht ihre Dosis-Wirkungs-Beziehung, sprich: wie viel von welchem Schadstoff hat welche direkten und indirekten Folgen bei Tieren. Besonders wichtig ist es dabei, auch sehr geringe, sogenannte umweltrelevante Konzentrationen zu untersuchen. Viele Substanzen setzen sich in den Sedimenten von Gewässern fest, wodurch ihre Wirkung verstärkt werden kann und sie die am Gewässerboden lebenden Tiere, genannt Benthos, beeinflussen. Hinzu kommen Faktoren wie die Bioakkumulation, wobei ein Stoff im Tierkörper angereichert wird, und die Bioaktivierung, die beschreibt, wie eine Chemikalie im Körper so umgewandelt wird, dass sie stärker toxisch ist.

Besonders beunruhigend ist der Eintrag von Stoffen, die dem Tierkörper vorgaukeln, sie wären ein natürliches Hormon, sogenannte endokrin aktive Substanzen. Ich erinnere mich an eine Vorlesung im Jahr 2002 über die Wirkungen von einem solchen »endokrinen Disruptor«. Er wirkt reproduktionstoxisch, indem er das körpereigene Hormon Östrogen nachahmt. Er heißt Bisphenol-A und ist heute allgemein geläufig, damals jedoch war dieser Stoff außerhalb der Forschung noch völlig unbekannt. Das Verbot für den Gebrauch in der Herstellung von Babytrinkflaschen sollte in Deutschland erst im Jahr 2011 folgen, und 2020 wurde er für Kassenbons verboten. Die Forschung in Frankfurt zur Zeit meines Studiums beschäftigte sich mit der Wirkung von Bisphenol-A auf Süßwasserschnecken und zeigte, dass schon sehr geringe Konzentrationen Deformationen des Eileiters und eine höhere Sterblichkeit bei Weibchen verursachen[119]. Und es gibt auch wieder einen direkten Zusammenhang mit dem Klimawandel, denn steigende Temperaturen erhöhen die Toxizität vieler Schadstoffe. In einer Publikation aus dem Jahr 2010 befürchten die Frankfurter Forscher:innen generell eine Zunahme der Ökotoxizität und vermuten, dass durch die Kombination von Erwärmung und erhöhtem Eintrag von Pestiziden zukünftig ein stärkerer Druck auf aquatische Ökosysteme ausgeübt werden wird.

SCHILD KRÖTEN

Doch zurück zu den Reptilien. Die Erfindung des Schildkrötenpanzers ist eine der erfolgreichsten evolutiven Entwicklungen überhaupt. 220 Millionen Jahre datiert sie zurück und ist damit älter als der Ursprung von Säugetieren oder Vögeln. Ob an Land, im Meer oder in Süßwassersystemen, Schildkröten haben sich an die unterschiedlichsten Habitate angepasst. Doch leider steht dieses Erfolgsmodell nun kurz vor dem Aus. Von den weltweit 360 Arten sind über die Hälfte bedroht, wie eine im Mai 2020 veröffentlichte Publikation von über 40 Expert:innen bekannt gab, darunter mein befreundeter Kollege James Van Dyke. Sie untersuchten die Hauptgründe des starken Rückgangs der 25 meistbedrohten Schildkrötenarten. Anführer ist mit 38 Prozent die Ausbeutung für den Handel im Ausland – als Haustier, zum Verzehr oder zur Herstellung von »Heilmitteln«. An zweiter Stelle steht mit 31 Prozent der Habitatverlust und an dritter Stelle mit 26 Prozent der lokale Verkauf von Eiern und Fleisch zum Verzehr. Der Klimawandel macht nur drei Prozent der Auswirkungen aus[120]. Ein großes Problem sind isolierte Populationen. Einige Arten überleben nur noch in kleinen Gebieten und sind durch die sogenannte Habitat-Fragmentierung von anderen Populationen abgeschnitten.

Unter Habitat-Fragmentierung versteht man die Zerschneidung des Lebensraums. Wenn ein Gebiet in kleine Stücke zerteilt wird, dann werden Teile einer Wildtier-Population voneinander getrennt, und die Anzahl möglicher Partner für die Fortpflanzung schrumpft. Dadurch droht die Verarmung der genetischen Vielfalt. Schildkröten zeichnen sich durch Langsamkeit aus. Hohes individuelles Alter, komplexer Lebenszyklus und geringe Fortpflanzungsrate, denn trotz meist zahlreicher Eier überleben nur wenige Individuen bis ins reproduktionsfähige Alter – all diese Faktoren erschweren eine schnelle Anpassung an Umweltveränderungen. Hinzu kommt, dass Schildkröten besonders empfindlich gegenüber Umweltgiften sind. Erstens begünstigt ihre lange Lebensdauer die Ansammlung von toxikologisch wirkenden Stoffen (Bioakkumulation), und zweitens überwintern sie vergraben im Wassersediment, wodurch sie dort gebundenen Chemikalien direkt ausgesetzt sind.

Er wurde etwa 100 Jahre alt und ist zweifelsfrei die berühmteste aller Schildkröten. Am 24. Juni 2012 starb »Lonesome George«, und mit ihm starb eine ganze Tierart aus. Dabei handelt es sich um *Chelonoidis abingdoni*, eine der zehn verbleibenden Arten der Riesenschildkröten auf dem Galapagos-Archipel. Fast genau acht Jahre später sorgte eine ebenfalls etwa 100 Jahre alte Galapagos-Schildkröte für Schlagzeilen, dieses Mal glücklicherweise mit aufmunternden Nachrichten: »Diego« wurde wieder ausgewildert, nachdem er in Zuchtprogrammen maßgeblich daran beteiligt war, seine Art *Chelonoidis hoodensis* vor dem Aussterben zu retten.

Apropos Schildkröten und Sterben. Ein Stück Plastik genügt, um eine Meeresschildkröte mit einer Wahrscheinlichkeit von 22 Prozent zu töten. Bei 14 Plastikteilen steigt die Sterbewahrscheinlichkeit auf 50 Prozent[121]. Eine der Autorinnen dieser Studie ist die Meeresbiologin Kathy Townsend, die die Wirkung von Plastikteilen auf Meeresschildkröten untersucht. Sie zeigt mit ihrem Team, dass die Grüne Meeresschildkröte und die Lederschildkröte am meisten von der Plastikgefahr betroffen sind. Interessanterweise ist das Risiko einer Schildkröte, Plastik zu verzehren, unabhängig von der Menge an Plastik im Meer. Tiere mitten im Ozean sind stärker betroffen als Individuen in Ufernähe. Räuberisch lebende Arten sind weniger betroffen als solche, die pflanzliche oder gelatinöse Nahrung bevorzugen. Gelatine? Na ja, nicht ganz, aber einige Arten, darunter auch die Lederschildkröte, verspeisen gern wabbelige Quallen.

Obwohl sie ihr Leben im Wasser verbringen, können Quallen nicht gut schwimmen. Zwar nutzen sie das Rückstoßprinzip zum Vorwärtsbewegen, können jedoch nicht gegen die Strömung ankommen, sondern treiben zum Plankton gehörend im Wasser. Quallen sind Vertreter der Nesseltiere. Bei den meisten bekannten Quallen handelt es sich um

Schirmquallen. Sie durchleben zwei Entwicklungsstadien: Erst sitzen sie fest am Meeresgrund und werden »Polyp« genannt, dann folgt die im Wasser freischwebende Form, die »Meduse« heißt und allseits als Qualle bekannt ist. Innerhalb der Quallen gibt es eine Vielfalt an Formen und Lebensweisen, und neben den Schirmquallen gibt es noch die Rippenquallen, die einen eigenen Stamm bilden.

Quallen sind relativ wenig erforscht und werden von der Öffentlichkeit meist ignoriert. Außer wenn sie in großen Zahlen in Küstennähe getrieben werden, dann sind sie plötzlich in aller Munde als »Quallenalarm«. Quallen werden häufig als »Gewinner des Klimawandels« dargestellt, die einen starken Anstieg der Population erleben, da sie von den degradierten (geschädigten) Meeren profitieren sollen. Doch die wissenschaftliche Grundlage für solche Aussagen ist erstaunlich dünn, wie internationale Forscherteams zu bedenken geben[122,123]. Die sogenannte Quallenblüte beschreibt ein vermehrtes Auftreten der Tiere innerhalb eines relativ kurzen Zeitraums und kann zu einem empfundenen Problem werden. Jedoch gibt es keine wissenschaftlichen Beweise für einen Anstieg des Quallenvorkommens, es handelt sich wahrscheinlich um natürliche Oszillationen und nicht um Klimawandelfolgen[124]. Das Problem ist, wie so oft, dass Quallen wenig erforscht sind, vor allem über die Polypen-Stadien der meisten Arten wissen wir sehr wenig. In den Fokus rücken Tiere oft erst dann, wenn sie entweder vom Aussterben bedroht sind oder wenn sie durch vermehrtes Auftreten zum Problem werden.

MIES MUSCHEL

Von der Ostsee nun zur Nordsee. Deich, Watt und Leuchtturm: So sah früher unser jährlicher Familienurlaub aus. Stundenlang haben wir Frankfurter Großstadtkinder begeistert gebuddelt im größten Matsch-Sandkasten der Welt. Auch eine Wattwanderung bei Hohlebbe gehörte stets dazu, den unendlichen Horizont und die Priele fest im Blick. Nirgends sonst legt der Gezeitenwechsel eine derart große Fläche frei wie hier, im Weltnaturerbe Wattenmeer. Als Lebensraum ist das Watt eine Herausforderung, denn die Tiere müssen im Zuge der Gezeiten nicht nur das Trockenfallen, sondern auch hohe Temperaturschwankungen tolerieren. Das macht die Nordseeküste zu einem physiologisch ungeheuer spannenden Ort.

Das finden auch Forscher:innen in Bremerhaven, die die Auswirkungen des Klimawandels auf aquatische Systeme untersuchen. Im Zentrum einer ihrer Studien stand ein Fisch namens Aalmutter, der in den Gezeitenzonen lebt und das Trockenfallen für einige Zeit durch Luftatmung tolerieren kann. Wie bei allen ektothermen Tieren steigt sein Energieverbrauch mit steigender Umgebungstemperatur. Ein höherer Energieumsatz bedeutet einen höheren Sauerstoffverbrauch in den Zellen. Ab einer bestimmten Temperatur kommen das Atmungssystem und der Blutkreislauf nicht mehr hinterher, den Bedarf an Sauerstoff zu decken. Der Sauerstoff wird dann zum limitierenden Faktor. Die Ergebnisse der Aalmutter zeigen, dass mit zunehmender Erwärmung die Leistungsfähigkeit beeinträchtigt wird und damit einhergehend Wachstum, Entwicklung, Reproduktion sowie auch Häufigkeit[125]. Das mag alles sehr theoretisch klingen, ist aber ein wichtiges

Schlüsselkonzept, das die Verbreitung von ektothermen Tieren vorauszusagen hilft.

Während Temperatureffekte relativ gut experimentell untersucht werden können, sind weitere Klimawandelfolgen wie eine erhöhte Konzentration von Kohlenstoffdioxid schwerer nachzuweisen. Das verstärkt ausgestoßene Kohlenstoffdioxid wird vom Wasser aufgenommen und ändert dessen chemische Zusammensetzung, man spricht von Versauerung. Eine Studie von Zora Zittier und Kolleg:innen widmet sich der Interaktion von erhöhter Konzentration an Kohlenstoffdioxid und Temperatur für die heimische Miesmuschel. Hier hörte die Wissenschaftlerin auf das Herz der Tiere, die aus der Helgoländer Bucht stammten[126]. Mithilfe eines Sensors hat sie den Herzschlag der Muscheln nicht-invasiv gemessen und zusätzlich Stoffwechselmessungen durchgeführt. Ihre Ergebnisse zeigen, dass Muscheln gut angepasst sind an das Leben in den Gezeitenzonen und die normalen Änderungen in Temperatur und Kohlenstoffdioxid tolerieren können. Wenn jedoch die sonst kurzfristigen Extreme in Zukunft häufiger und in Kombination mit anderen Stressoren auftreten werden, dann könnte das für die Muscheln schnell negative Folgen haben – zumal sie zusätzlich leiden unter schädlichen Einflüssen wie Überfischung, Habitatverlust, Fressfeinden, Verschmutzung oder Konkurrenz durch Neozoen.

In der Tat geht es den Muscheln in der Nordsee nicht gut. Die Miesmuschelbestände im Nationalpark Schleswig-Holsteinisches Wattenmeer sind nach Angaben der Schutzstation Wattenmeer zwischen den Jahren 1990 und 2010 um fast 80 Prozent gesunken. Als strukturbildende Organismen spielen Miesmuscheln, oder vielmehr die Muschelbänke, eine wichtige Rolle im Ökosystem. Sie dienen als Lebensraum und sind eine wichtige Futterquelle für Tiere wie Seesterne, Krebse und Vögel, darunter Austernfischer und Eiderente. Ihr Schwinden kann also einen weitreichenden Effekt über die Nahrungskette hervorrufen.

Stark vereinfacht könnte man die größten Herausforderungen des Klimawandels für Meeresbewohner so zusammenfassen: zu warm, zu wenig Sauerstoff, zu viel Kohlenstoffdioxid. Derzeit ist die Temperatur der einflussreichste Faktor, aber die anderen Variablen sind eng damit verbunden und werden zukünftig eine größere Rolle spielen. Die Versauerung etwa hat vielseitige Folgen für ektotherme Meeresbewohner. Allen voran jene, die Kalkschalen bilden. Dazu gehören beispielsweise Schnecken, Muscheln und Krebse. Während früher Entwicklungsstadien sind sie besonders empfindlich gegenüber Umwelteinflüssen. Ein sinkender pH-Wert des Wassers beeinflusst Kalkeinlagerung, Entwicklung, Wachstum und Überleben. So entstehen etwa deformierte Larven und brüchige Schneckengehäuse. Auch Steinkorallen, wichtige strukturbildende Organismen, die von Korallenriffen bekannt sind und wie die Quallen zu den Nesseltieren gehören, sind auf die Kalkbildung angewiesen. Die Wirkungen der Versauerung reichen von toxischen Effekten auf einzelne Arten bis zum großflächigen Wandel von Tiergemeinschaften, die zudem durch Verschmutzung und andere menschliche Einflüsse schon unter großem Druck stehen.

SÜSS WASSER

Nicht nur Ozeane und Meere sind betroffen, sondern auch Süßwassersysteme, zumal sie einen verhältnismäßig kleinen Wasserkörper haben. Im kanadischen Ontario gibt es seit den 1960er Jahren eine Forschungsstation mit knapp 60 Seen, wo durch Feldexperimente Effekte von verschiedenen Umwelteinflüssen auf ganze Ökosysteme untersucht werden. Im Jahr 2013 entging sie nur knapp der Schließung aufgrund von Budgetkürzungen der damaligen konservativen Regierung – ich lebte damals in Kanada, und wir demonstrierten auf den Straßen Winnipegs für den Erhalt dieser weltberühmten Einrichtung. In Ontario werden Schlüsselprozesse der Versauerung auf den verschiedenen Ebenen eines Süßwassersystems veranschaulicht.

Effekte der Versauerung betreffen alle Bereiche in einem Gewässer. Das beginnt beim Plankton, worunter alle frei im Wasser schwebenden Lebewesen zusammengefasst sind. Die Gemeinschaften von Phytoplankton, dem pflanzlichen Anteil, und Zooplankton, dem tierischen Anteil, werden durch die Versauerung in ihrer Zusammensetzung verändert. Auch die Populationen von verschiedenen Krebs- und Fischarten erleiden starke Einbrüche, unter anderem wird ihre Fortpflanzung beeinträchtigt. In diesen Experiment-Seen wird auch ein wichtiger indirekter Effekt entdeckt: Durch die Kombination von Erwärmung und Versauerung kann das Sonnenlicht einfacher in das Wasser eindringen, wodurch die schädigende Wirkung von UV-B-Strahlung auf die Wasserbewohner verstärkt wird[127].

Die Auswirkungen des Klimawandels können auch in europäischen Fließgewässern nachgewiesen werden, wie eine Untersuchung aus Holland zeigt. Erstens verändert sich die Verbreitung der Arten. Wer empfindlich auf Änderungen in Temperatur oder Sauerstoffgehalt reagiert, der wird in andere Bereiche vertrieben, wie etwa in den Oberlauf eines Fließgewässers, wo die Effekte weniger stark sind. Zweitens werden Entwicklung und Fortpflanzung der Tiere gestört. Drittens nutzen Neozoen entsprechende Veränderungen aus und verbreiten sich schneller, was sich negativ auf das Ökosystem auswirkt[128]. Diese Effekte können jetzt schon gemessen werden, und sie werden sich bis zum Ende des Jahrhunderts den Prognosen zufolge verstärken.

Eine erhöhte Konzentration von Kohlenstoffdioxid beeinflusst bei Fischen Geruchssinn und Gehör. Der Trauerband-Anemonenfisch wurde während der Entwicklung verschiedenen Konzentrationen von Kohlenstoffdioxid ausgesetzt. Den erwachsenen Fischen wurden Geräusche eines Korallenriffs vorgespielt und ihr Verhalten beobachtet. Die Ergebnisse zeigen, dass bei der heutigen Konzentration des Kohlenstoffdioxids die Tiere Geräusche erkennen und Gefahr erfolgreich vermeiden können. Diese Fähigkeit verschwindet bei Versuchen mit höheren Konzentrationen, die Fische schwimmen dann orientierungslos umher[129]. Entsprechende Folgen in der Natur wären folgenschwer, denn die Sinne sind zentral für die Kommunikation mit Artgenossen, Orientierung, Habitatwahl oder Vermeidung von Raubtieren. Es geht bei Klimawandelfolgen also nicht nur um die Frage, wer wo in Zukunft überleben wird, sondern auch um gering erscheinende Effekte innerhalb eines Ökosystems, die die Interaktion mit Artgenossen oder anderen Tierarten betreffen.

Die prognostizierten Folgen sind für Tiere im Wasser und an Land ähnlich, obwohl die Prozesse und Systeme so unterschiedlich sind. Meerestiere verschieben ihre Verbreitungsgebiete mit der gleichen Geschwindigkeit wie Landbewohner oder sogar schneller. Eine Studie verglich die Anfälligkeit von über 400 wasser- und landbewohnenden Arten gegenüber steigenden Temperaturen[130]. Ein Anhaltspunkt dafür ist die Differenz von Maximaltemperatur im Habitat und höchster tolerierter Körpertemperatur, die als Pufferzone gesehen werden kann. Für beide Gruppen ist diese Differenz abhängig von der Emissionprognose und wird bei hohem Ausstoß halbiert.

Meerestiere haben meist eine kleinere Pufferzone als Landtiere, was vor allem angesichts der Zunahme von Hitzewellen problematisch ist. Allerdings sind Tiere im Wasser generell mobiler und können eher in Gebiete mit besseren Temperaturbedingungen ziehen. Als Folge werden viele Populationen zwar lokal aussterben, aber die Art global vielleicht erhalten bleiben. Für Landtiere werden aufgrund ihrer eingeschränkten Mobilität keine großflächigen Verschiebungen prognostiziert, sondern feinskalierte Änderungen, in denen ein heterogenes Mikroklima von großer Bedeutung ist.

Kapitel 5

Wandel – Zwischen Klimakrise und Artensterben

Ein klarer Frühlingsmorgen im hessischen Spessart. Bei Sonnenaufgang geht es für uns los. Wir laufen erst durch den Ortsrand von Schlüchtern und biegen dann ab in Richtung Wald, den Vogelstimmen entgegen. Den Rest des Tages verbringen wir damit, eine lange Leiter durch den leuchtenden Laubwald zu tragen und nach Nistkästen Ausschau zu halten. Weit über 150 Stück sind hier im »Bergwinkel« verteilt. Immer wieder klettern wir die Leiter hoch, um vorsichtig in einen Nistkasten zu schauen. Wenn ein gefiederter Bewohner oder ein Gelege zu finden ist, beginnt unsere Arbeit.

Die häufigsten Vögel hier sind Kohlmeise und Blaumeise. Die beiden kommen oft in demselben Gebiet vor, man spricht von sympatrischen Arten. Sie nisten eigentlich in natürlichen Baumhöhlen, die leider immer seltener werden, nehmen aber auch gern künstliche Nisthilfen an. Daher kann man ihr Vorkommen und ihre Brutbiologie so gut im Freiland untersuchen. Und genau das machen wir hier: Nistkasten auf, Eier zählen und messen, Jungtiere wiegen, Vögel beobachten und beringen. Alle Daten genau notieren. Wir befinden uns im Frühjahr 2003, als ich im Rahmen meines Biologiestudiums erste Erfahrungen mit der ornithologischen Freilandarbeit sammele, nebenbei Vogelstimmen lerne und den Frühlingswald genieße. Geleitet wird das Praktikum von der Ökologischen Forschungsstation Schlüchtern e. V., wo seit knapp 40 Jahren Daten über höhlenbrütende Singvögel und Kleinsäuger wie den Siebenschläfer gesammelt werden. Hier kann ich selbst erleben, wieviel harte Arbeit und welche Ausdauer hinter Langzeitstudien stecken. Die zentrale Bedeutung, die entsprechende Datenreihen für das Monitoring von Wildtieren vor allem im Zusammenhang mit Folgen des Klimawandels haben, wird mir erst Jahre später klar.

In einer Publikation aus dem Jahr 2013 hat sich das Team aus Schlüchtern mit einem Klimaforscher von der Humboldt-Universität in Berlin zusammengetan, um Daten über die Brutbiologie der Kohlmeise von 1971 bis 2008 zu analysieren. Eine wahre Datenflut, denn zwischen den Jahren 1971 und 1976 wurden die Nistkästen einmal wöchentlich und zwischen den Jahren 1976 bis 2008 sogar täglich kontrolliert! Perfekte Grundlage, um anhand von Simulationsrechnungen den zukünftigen Legebeginn der Kohlmeise zu analysieren[131]. Die Vögel legen pro Tag ein Ei, mit einem Maximum von zehn Eiern pro Gelege. Es folgt eine Bebrütungsdauer von 14 Tagen und eine Nestlingszeit von 20 Tagen. Von sechs geschlüpften Tieren erreicht im Schnitt nur eines das adulte Stadium. Den Ergebnissen zufolge wird mittelfristig (2040–2070) bis langfristig (2071–2100) erwartet, dass Meisen bis zu elf Tage früher ihr erstes Ei legen.

EIABLAGE

Gibt es bisher schon eine Änderung im Legebeginn der Kohlmeise, bedingt durch den Klimawandel? Da unterscheiden sich die Aussagen. Daten beispielsweise aus Schlüchtern und Braunschweig sowie aus Großbritannien zeigen seit den 1970er und 1980er Jahren eine Vorverlegung der Eiablage um etwa eine Woche. In den Niederlanden konnte dagegen noch keine Änderung beobachtet werden. Die Hauptnahrungsquelle der Jungtiere zeigt aber durchaus eine Veränderung an: Aufgrund wärmerer Frühlingstemperaturen sind Raupen früher unterwegs. Ein Team untersuchte 24 Kohl- und Blaumeise-Populationen in Belgien, Frankreich, Finnland, den Niederlanden, Russland und Großbritannien über zwei Jahrzehnte[132]. Diese Analyse zeigt eine erstaunliche Variation zwischen den Populationen. Der Legebeginn wird flexibel auf lokale Gegebenheiten angepasst wie Nahrungsquelle, Mikrohabitat und Vegetation. Besonders interessant sind die Ergebnisse für benachbarte Gebiete, die von der gleichen Temperaturerhöhung um die Legezeit herum betroffen sind. Beispielsweise unterscheidet sich der Legebeginn sehr stark zwischen Populationen in Belgien und den Niederlanden. Wenn die Temperatur nicht ausschlaggebend ist, was dann? Es wird vermutet, dass die Klimaerwärmung das Vorkommen von einem zweiten Gelege beeinflusst. Wenn es kein Zweitgelege gibt, dann verschiebt sich die Eiablage entsprechend für das Erstgelege.

Das Vorkommen von Zweitgelegen variiert bei Kohl- und Blaumeise sehr stark zwischen den Populationen. Haben Tiere nur ein Gelege, so wird dieses zeitlich mit dem höchsten Nahrungsangebot gekoppelt. Paare, die eine zweite Brut haben, beginnen jedoch mit ihrem ersten Gelege etwas früher, um auch für die zweite Runde noch genügend Futter zu finden. Da sich Raupen heutzutage früher und schneller entwickeln, wird es für die Vögel schwieriger, eine zweite Brut zu füttern. Eine Studie der Universität Antwerpen zeigt einen deutlichen Rückgang von Zweitgelegen bei Kohl- und Blaumeisen zwischen den Jahren 1979 und 2006[133]. Meisen beginnen dort schon elf bis zwölf Tage früher mit der Eiablage. Zusätzlich ist der Zeitraum zwischen der Ablage des ersten Eis und dem Flüggewerden um zwei bis drei Tage verkürzt, bedingt durch geringere Legeunterbrechungen und schnellere Entwicklung der Nestlinge.

Große Eier und früh geschlüpfte Jungtiere haben bessere Überlebenschancen. Doch es ist für Meisen-Eltern nicht einfach, beides zu ermöglichen, denn die Eiablage muss bei Frühlingstemperaturen geschehen. Wie besprochen ist die Temperatur eng mit dem Energiebedarf von endothermen Tieren wie Vögeln und Säugetieren verknüpft. Diesen Zusammenhang von Temperatur, Energie und Eiablage untersuchte eine in der Fachzeitschrift »Nature« veröffentlichte Studie. Dafür wurde der tägliche Energieverbrauch der Kohlmeisen bei unterschiedlichen Umgebungstemperaturen gemessen. Die Ergebnisse zeigen, dass die Eiablage nicht nur mit einem optimalen Nahrungsvorkommen für die Aufzucht abgestimmt werden muss, sondern dass es auch nicht zu kalt sein darf für die Eiablage[134].

Da kleine endotherme Tiere wie Kohlmeisen bei kalten Frühlingstemperaturen einem hohen Wärmeverlust ausgesetzt sind, müssen sie mit ihren Energiereserven gut haushalten. Warm bleiben kostet Energie. Und große Eier zu produzieren kostet auch viel Energie. Die Vögel geraten in eine Zwickmühle zwischen einer positiven Energiebilanz und einer frühestmöglichen Eiablage. Um den vollen Umfang von Klimaeffekten auf die Brutbiologie zu verstehen, müssen neben Temperatur und Zeit weitere Faktoren bedacht werden wie Energiehaushalt, Größe der Eier und der Gelege, Zweitgelege, Schlupfrate, Überlebensrate, Populationsgröße und Altersstruktur innerhalb von Populationen.

Die Temperaturveränderung beeinflusst nicht nur Nahrungsvorkommen und Brutbiologie, sondern auch die Konkurrenz mit anderen Tierarten. Daten aus Schlüchtern zeigen beispielsweise eine häufigere Plünderung von Meisen-Bruten durch den Siebenschläfer. Aber auch unter den Vögeln ist der Ärger groß, wie eine Studie aus den Niederlanden über die Interaktionen von Kohlmeise und Trauerschnäpper zeigt. Die Kohlmeise bleibt ganzjährig in dem Gebiet, sie reagiert auf Temperaturveränderung vor Ort und profitiert von milden Wintern mit gutem Nahrungsangebot, besonders Bucheckern. Der Trauerschnäpper hingegen ist ein Zugvogel und verbringt den Großteil des Jahres in Afrika. Gibt es mehr Meisen, so verschärft sich die Konkurrenz um Nistkästen, wobei der Trauerschnäpper zu kurz kommt[135].

Eine weitere Studie über Trauerschnäpper beschreibt einen Rückgang der Populationen um 90 Prozent in Gebieten, in denen die Raupen früher schlüpfen, aber die Vögel ihre Fortpflanzung nicht schnell genug verschoben haben[136]. Es ist wahrscheinlich, dass Zugvögel insgesamt stärker unter den Folgen des Klimawandels leiden werden als standorttreue Arten, da sie auf Veränderungen in Temperatur, Konkurrenz und Nahrung in verschiedenen Gegenden reagieren müssen und nicht nur auf lokal begrenzte Bedingungen. Solche Studien zeigen eindrücklich, wie eng verschiedene Vorgänge in einem Lebensraum verknüpft sind, was die Vorhersage über die Zukunft einer Art angesichts des Klimawandels verkompliziert.

TRAUM ATA

Die Kohlmeise gehört zu den häufigsten Vogelarten in Europa. Sowohl in Wäldern als auch in Menschennähe sind die lebhaften kleinen Vögel zu beobachten, nur reine Nadelwälder werden eher von ihnen gemieden. Die Anzahl der ausgewachsenen Tiere wird laut Weltnaturschutzunion IUCN auf weit über 65 Millionen Individuen geschätzt, Tendenz steigend. Auch die Blaumeise ist international als nicht gefährdet eingestuft, mit steigendem Populationstrend. Jedoch sind auch erfolgreiche Arten wie Kohl- und Blaumeise nicht vor lokalen Populationseinbrüchen geschützt, die durch Stressoren wie Habitatverlust, Krankheiten oder Urbanisierung verursacht werden können.

Ein Beispiel dafür ist ein Massensterben unter den Blaumeisen in Deutschland im Frühjahr 2020. Verantwortlich war ein Bakterium, das bei den Vögeln unter anderem eine Art Lungenentzündung auslöst. Seit 1996 ist die Krankheit in Großbritannien bekannt, bei uns wurde sie erstmals im Jahr 2018 beschrieben. Die Tierärztin Sabine Merbach hat gemeinsam mit Kolleg:innen erste Vögel mit entsprechenden Symptomen untersucht, die um Futterstellen herum gefunden wurden. Im Folgejahr wurden die pathologischen Funde in der Berliner und Münchener Tierärztlichen Wochenschrift veröffentlicht[137]. Wie viele Blaumeisen im Jahr 2020 genau an dem Erreger gestorben sind, ist ungewiss. Der NABU befürchtet, dass es weit über eine Million Tiere sein könnten. Das beruht auf einer geschätzten Gesamtanzahl von 7,9 Millionen ausgewachsenen Tieren in Deutschland und auf einem Rückgang von 22 Prozent im Vergleich zum Vorjahr, ermittelt bei bundesweiten Zählungen im Mai. Die Gegenden mit weniger gezählten Blaumeisen decken sich mit Bereichen, in denen die meisten toten Vögel gemeldet wurden. Die Ergebnisse beziehen sich auf bewohnte Gegenden und spiegeln nicht die Entwicklungen in natürlichen Lebensräumen wider. Außerdem gibt Sabine Merbach zu bedenken, dass immer auch andere Todesursachen eine Rolle spielen. Nur etwa die Hälfte der von ihr untersuchten Blaumeisen sind an dem Bakterium gestorben, der Rest durch Auszehrung, Traumata oder andere Infektionskrankheiten wie Chlamydiose. Dennoch ist sie sich sicher, dass insgesamt ein Zusammenhang zwischen dem Bakterium und den hohen Todeszahlen besteht.

Massensterben gab es auch bei Grünfinken. Der verantwortliche Erreger gehört zu den Trichomonaden und hat in Großbritannien einen geschätzten Populationsrückgang von 4,3 auf 2,8 Millionen Tiere verursacht[138]. Bei Buchfinken sind die Auswirkungen weniger dramatisch. Jedes Jahr im Spätsommer breiten sich die Erreger unter den Tieren aus. Im Sommer 2009 wurden sie erstmals bei Grünfinken in

Deutschland nachgewiesen. Die Übertragung an Futter- und Badestellen gilt als wahrscheinlich. Amseln sterben derweil an dem sogenannten Usutu-Virus, der Populationsrückgänge von knapp 16 Prozent in den betroffenen Gegenden verursacht[139]. Neben Krankheiten stellt die zunehmende Urbanisierung eine Herausforderung für Vögel dar.

URBAN

Viele Vogelarten gelten als sogenannte Kulturfolger, die sich erfolgreich an das Leben in der Großstadt angepasst haben. Die Tatsache, dass eine Art hier oft zu finden ist, bedeutet jedoch nicht zwangsläufig, dass es ihr gut geht. Auch für häufige Arten wie Kohl- und Blaumeise ist das urbane Leben mit Kosten verbunden, denn evolutiv sind sie an den Wald angepasst. Stadtvögel legen häufig weniger Eier pro Gelege, sie geben öfter ihre Nester auf, ihre Nestlinge wachsen langsamer und haben eine höhere Sterberate[140]. Vermutlich ist die Gelegegröße geringer, damit die begrenzten Ressourcen auf weniger Nestlinge verteilt werden können. Auch beginnt die Eiablage in der Stadt früher. Entsprechende Effekte sind für viele Vogelarten nachgewiesen. Und dies ist nicht auf den dichten, hektischen Großstadtdschungel begrenzt. Schon geringe Grade an Urbanisierung haben dieselben negativen Effekte auf Kohlmeisen, wie eine Studie aus dem Jahr 2019 zeigt. Selbst Vögel, die in Parks in kleinen Ortschaften inmitten ländlicher Umgebung brüten, zeigen die gleichen Effekte wie eine reduzierte Größe von Gelege und Nestlingen[141].

Warum gibt es denn dann trotzdem so viele Meisen in unseren Städten und Dörfern, wenn es ihnen dort nicht gut geht? Mögliche Erklärungen deuten darauf hin, dass immer wieder Vögel aus den umliegenden Gebieten hinzuziehen, da urbane Lebensräume erst mal verlockend sind, etwa durch ein wärmeres Mikroklima und höheres Nahrungsvorkommen, wenn auch ungesund. Es kann eine sogenannte ökologische Falle entstehen, wenn Tiere sich dauerhaft zu einem Lebensraum hingezogen fühlen, obwohl sie dort keine gesunde Population etablieren können. Man spricht dann auch vom Wald als Quelle und von der Stadt als Senke der Population. Die möglichen Gründe für den schlechten Zustand von urbanen Meisen werden diskutiert, darunter sind Temperatur, Licht, Fehlernährung und Parasiten. Zusätzlich fallen Stadtvögel häufig Hauskatzen zum Opfer. In Frankreich und Belgien werden 12 bis 26 Prozent der Todesursachen von Gartenvögeln auf Katzen zurückgeführt[142]. Zwischen den Monaten April und August töten die Hauskatzen in Großbritannien geschätzte 27 Millionen Vögel – plus 57 Millionen Kleinsäuger und fünf Millionen Reptilien[143].

Viele Menschen füttern Vögel in ihrem Garten als Ausdruck der Tierliebe. An stark frequentierten Futterstellen kann es jedoch zu hohen Raten an Krankheitsübertragung kommen. In der Natur treffen sich nicht so viele Individuen an einem Ort, Krankheitserreger haben hier kein so leichtes Spiel. Futterstellen werden zudem von relativ wenigen Arten aufgesucht und von einer begrenzten Anzahl an durchsetzungsfähigen Individuen[144]. Dadurch beeinflussen sie die Artenzusammensetzung in einem Garten, wobei häufig vorkommende Arten bevorzugt werden und die Diversität nicht gefördert wird. Im

Winter können rein fetthaltige Produkte ohne die richtigen Zusatzstoffe einen negativen Folgeeffekt auf die Eiqualität im Frühling haben, mit Nestlingen, die kleiner und leichter sind und geringere Überlebenschancen haben[145]. Die Vogelfütterung im eigenen Garten erhöht die Überlebenschance einiger Individuen, sie unterstützt das persönliche Naturerlebnis und dient der emotionalen Bindung zu Wildtieren – doch sie beeinflusst, wer den Garten besucht, und birgt auch Risiken für die Vögel.

Vogelnester werden oft von Parasiten heimgesucht. Besonders außen am Körper sitzende Ektoparasiten wie Zecken und Läuse fühlen sich hier wohl. Durch das Saugen von Blut und die Übertragung von Krankheiten können sie die Gesundheit und Fortpflanzungsfähigkeit erheblich beeinflussen, vor allem bei Jungtieren. Vögel bringen instinktiv bestimmte Pflanzenmaterialien ins Nest ein, um die Plagegeister fernzuhalten. Diese natürlichen Insektizide sind in der Stadt jedoch kaum zu finden. Hingegen gibt es vermehrt Beobachtungen von Zigarettenstummeln in urbanen Vogelnestern. Gibt es da etwa einen Zusammenhang?

Um dieser Frage auf den Grund zu gehen, untersuchten Wissenschaftler:innen in Mexiko-Stadt die Nester von Haussperling, besser als Spatz bekannt, und Hausgimpel, eine kleine Finkenart aus Mexiko und Nordamerika, deren Männchen einen rotgefärbten Kopf haben. Die Ergebnisse zeigen tatsächlich, dass ein hoher Anteil von Zigarettenfilter-Material, dem Cellulose-Acetat, mit einer geringen Parasitenbelastung in den Nestern zusammenfiel. Vögel haben also ein altes Heilmittel durch Zigarettenstummel ersetzt!

Eine insektizide Wirkung wurde jedoch nicht für ungebrauchte Filter, sondern nur für abgebrannte Zigarettenstummel gefunden. Das weist darauf hin, dass nicht das Material an sich, sondern das in den verbrannten Filtern enthaltene Nikotin ausschlaggebend ist[146]. Wildtiere zeigen ein erstaunliches Repertoire an Antworten auf neue Herausforderungen! Das betrifft auch ihre Lautäußerung.

Wie die Gesänge und Rufe der Vögel dem Stadtleben angepasst werden, untersuchte ein Forscherteam vom Max-Planck-Institut für Ornithologie in Seewiesen, Oberbayern. Dafür verglichen sie Amseln in Wien mit Tieren aus umliegenden Wäldern. Stadtvögel singen mit einer höheren Frequenz und haben kürzere Abstände zwischen den Gesängen[147]. Das kann drei Gründe haben: Erstens eine Anpassung an den urbanen Lebensraum mit hoher anthropogener Lärmbelastung. Zweitens eine Anpassung an die höhere Populationsdichte von Vögeln in der Stadt. Drittens eine Begleiterscheinung von physiologischen Änderungen bei urbanen Tieren. Die Autoren geben zu bedenken, dass weitere Untersuchungen notwendig sind, um die kausalen Zusammenhänge genauer zu erklären. Die Ergebnisse decken sich mit Berichten für andere Arten. Die Kohlmeise etwa singt in der Stadt kürzer und lauter als auf dem Land, egal ob sie in London, Paris, Prag oder Amsterdam lebt[148]. Auch für Rotkehlchen, Nachtigall und andere Arten wurde gezeigt, dass sich die Lautäußerung in urbanen Gebieten verändert hat – sei es in Lautstärke, Frequenz oder Zeitpunkt, um gegen den Stadtlärm anzukommen.

RÜCK GANG

Seit vielen Jahren gibt es einen starken Rückgang von europäischen Vogelarten. Dies betrifft vor allem Tiere in den offenen Agrarlandschaften, während Waldvögel kaum betroffen sind. Die Intensivierung der Landwirtschaft verändert die Tierwelt, und Pestizide haben einen schädlichen Einfluss auf insektenfressende Vögel[149]. In deutschen Agrarlandschaften sind vor allem Kiebitz und Rebhuhn bundesweit von einem langjährigen Populationsrückgang betroffen. Zusätzliche Stressoren sind veränderte Gewässerstruktur und Habitat-Fragmentierung. Laut einem Bericht des Bundesamts für Naturschutz vom Mai 2020 sind bei etwa einem Drittel aller Brutvögel die Bestände in den vergangenen zwölf Jahren gesunken. Zu den stark betroffenen Arten gehören Uferschnepfe, Bekassine, Turteltaube, Kornweihe, Steinschmätzer und Haubenlerche. Sie zeigen über die vergangenen 36 Jahre einen Populationsrückgang von mehr als 3 Prozent pro Jahr. Landnutzung ist der größte Einfluss. Doch der Klimawandel steht klopfend vor der Tür.

Die Klimaprognosen für Deutschland sagen bis zum Jahr 2100 eine Erwärmung von 2,5 bis 3,5 °C voraus, als Vergleichszeitraum gilt 1961–1999. Die Temperatur verändert sich nicht gleichmäßig über große Flächen hinweg, sondern kann lokal stark variieren. Vor allem im Süden werden wärmere Winter prognostiziert, die Sommer sollen bis zu 30 Prozent weniger Niederschlag bringen. Dafür werden die anderen Jahreszeiten feuchter, vor allem im Winter wird es mehr regnen und weniger schneien, die schneebedeckten Flächen im Alpenraum werden schrumpfen[150]. Die Mindesttemperaturen steigen, und schon jetzt haben beispielsweise die

Winzer große Schwierigkeiten, Eiswein herzustellen, denn der benötigt mindestens -7 °C!

Viel deutlicher zu spüren ist jedoch die Zunahme von heißen Tagen. Bisher haben wir vor allem Beispiele für Hitzewellen auf der Südhalbkugel besprochen, aber sie treten auch in Mitteleuropa immer häufiger auf. Erst Geilenkirchen, dann Lingen mit 42,6 °C – die Schlagzeilen im Sommer 2019 lasen sich wie ein Wettbewerb um Höchsttemperaturen. Die Hitzewelle zog damals von Deutschland gen Norden und brachte Rekorde auch nach Grönland. Innerhalb des Monats Juli 2019 schmolzen 197 Milliarden Tonnen Eis, und der daraus resultierende Anstieg im globalen Meeresspiegel von 0,5 Millimeter wurde von Satelliten registriert. Im August ging es weiter, am 8. August 2019 flossen geschätzte 12,5 Milliarden Tonnen Schmelzwasser ins Meer. Diese Zahlen veranschaulichen, wie die Klimaänderungen auf lokaler, regionaler und globaler Ebene bereits wirken.

Nicht nur Hitzewellen, auch Dürren und Überschwemmungen nehmen in Mitteleuropa zu. In der Tat waren die Jahre 2018 und 2019 Dürreperioden, wie sie es seit 250 Jahren nicht mehr gegeben hat und die 50 Prozent von Mitteleuropa betroffen hat[151]. Analysen zeigen den direkten Einfluss von zukünftigen Treibhausgaskonzentrationen auf die Zunahme von zwei Jahre dauernden Dürreereignissen: Wir haben das Ausmaß der Folgen in unserer Hand. Eine Dürre hat an sich nichts mit Temperatur zu tun, sondern mit Trockenheit, genauer gesagt mit einem Niederschlagsdefizit.

Schwere Dürreereignisse werden für Gebiete in der nördlichen Schweiz, in Süddeutschland, im Südwesten Englands, im Westen Frankreichs und im Zentrum Norwegens vorausgesagt[152]. Unter Trockenstress stehende Gebiete leiden zusätzlich stärker unter Hitzewellen oder Waldbränden. Trockenheit wird in Zukunft nicht nur für Wildtiere, sondern auch für Mensch und Landwirtschaft ein großes Problem darstellen.

FINGER ABDRUCK
Die Temperatur in einem Lebensraum hat großen Einfluss darauf, wer dort lebt. Ändern sich die Umweltbedingungen in einem Habitat, dann reagieren die tierischen und pflanzlichen Bewohner. Wärmeliebende Arten profitieren unter bestimmten Voraussetzungen davon, und Mobilität ist von Vorteil, um einer Temperaturnische räumlich zu folgen. Das Klima ist immer nur einer von vielen Faktoren, die die Verbreitung einer Art beeinflussen – jedoch ein recht einflussreicher. Und man kann schon jetzt auch bei uns Auswirkungen des Klimawandels auf Wildtiere beobachten. Wieder einmal sind es hart erarbeitete ökologische Langzeit-Datensätze, die für diese Untersuchungen von Populationstrends und Temperaturnischen genutzt werden.

In einer Studie aus dem Jahr 2015 wurden Daten aus Gebieten rund um den Bodensee in Deutschland, Österreich und in der Schweiz analysiert. Unter den Vögeln reagiert beispielsweise der Schwarzhalstaucher positiv auf bisherige Änderungen, das heißt, die Population wächst, wohingegen die Uferschwalbe und die Uferschnepfe schwinden. Bei den

Schmetterlingen wird das Große Ochsenauge als Gewinner der Klimaerwärmung identifiziert[153].

Die Klimaänderungen bringen keine gleichmäßige Erwärmung, sondern verursachen ein weltweites Mosaik an Veränderungen. Tiere sind an Temperaturnischen angepasst, die sich jetzt durch die Klimaveränderungen global verschieben. Die Tierwelt reagiert mit zeitlichen oder räumlichen Verschiebungen. Dadurch entstehen großflächige Tierbewegungen gen Norden, die im Jahr 1999 in der Fachzeitschrift »Nature« für Vögel und Schmetterlinge gezeigt wurden[154,155]. Die Studien beschrieben erstmals sehr eindrücklich den aktuellen Einfluss des Klimawandels auf Wildtiere. Pro Jahrzehnt wandern Verbreitungsgrenzen mit einer durchschnittlichen Geschwindigkeit von etwa sechs Kilometern zu den Polen hin, und Prozesse im Frühling geschehen im Schnitt etwa zwei Tage früher, wie eine Studie von Camille Parmesan und Gary Yohe aus dem Jahr 2003 berichtet, die über zehntausendmal in der Fachliteratur zitiert wurde. Solche Ergebnisse werden als erste Zeichen für den sogenannten Fingerabdruck des Klimawandels bei Wildtieren interpretiert[156].

Inzwischen sind Verschiebungen von Verbreitungsgrenzen für viele Vogelarten gut dokumentiert, doch ihre langfristigen Folgen sind noch nicht klar. Wissenschaftler befürchten in einer Studie aus dem Jahr 2008, dass die Temperaturnischen schneller gen Norden ziehen, als die Vögel hinterherkommen: Zwischen 1989 und 2006 verschoben Vögel in Frankreich ihre nördliche Verbreitung um 91 Kilometer, während die Temperaturänderungen eine Verschiebung von 273 Kilometern aufwiesen[157].

Wenn Tiere in ihrem ursprünglichen Gebiet bleiben, dann müssen sie sich auf die neuen Bedingungen einstellen. Wie gut sie das können, beruht zum einen auf der Fähigkeit, individuelle Eigenschaften zu ändern, und zum anderen auf der Geschwindigkeit, mit der sich eine Population evolutiv anpassen kann. Viktoria Radchuk vom Leibniz-Institut in Berlin führte gemeinsam mit Kolleg:innen statistische Modellierungen durch, um herauszufinden, wie gut Vögel sich an neue Bedingungen in ihrem Lebensraum anpassen können. Die auf Daten von 71 Studien basierenden Ergebnisse zeigen, dass viele Vogelarten Probleme haben werden, sich zeitig auf die Änderungen einstellen zu können[158]. Doch es gibt auch optimistische Anzeichen – etwa, dass einige Arten ihre Brutbiologie erfolgreich an die Temperaturveränderungen anpassen können, wie Simulationsrechnungen für Kohl- und Blaumeise, Trauerschnäpper und Buchfink zeigen[159].

KLIMA QUELLE
Wie erfolgreich eine Art darin ist, den Temperaturzonen zu folgen, hängt von ihrer Mobilität und ihrem heutigen Lebensraum ab. Beispielsweise findet ein kälteliebendes, streng an das Bergleben angepasstes Tier kaum einen Ausweg, wenn die Schneegrenze immer weiter gen Gipfel wandert, und letztlich verschwindet es. Hingegen kann eine mobile, wärmeliebende Art mit breitem Nahrungsspektrum in ein neues Gebiet ziehen, wenn die bisherige Heimat zu warm oder ungemütlich wird. Generell verschieben sich Lebensräume pol-

wärts, und wie wir bei Vögeln und Schmetterlingen gesehen haben, erfolgt eine Tierbewegung gemäß den Temperaturnischen. Gebiete werden in Gruppen eingeteilt, je nachdem, ob dort eine Zu- oder Abnahme der Artenvielfalt erwartet wird: Klimasenken, Klimaquellen und Klimakorridore.

Zu den Klimasenken gehören beispielsweise Gebirge oder Küsten in Polnähe. Wer oben auf einem Berg lebt, kann einer Erwärmung nicht entgehen, indem er in kühlere Gegenden abwandert. Er ist sozusagen gefangen in der Klimasenke und sieht einem lokalen Aussterben entgegen, wenn er sich nicht schnell genug an die neuen Bedingungen anpassen kann. Ein Artenverlust hier wird aber ausgeglichen von anderen Arten, die aus wärmeren Gebieten neu zuwandern. Insgesamt geht man daher davon aus, dass die Artenvielfalt in Klimasenken erhalten bleibt.

Ein Beispiel für einen Bergbewohner in Bedrängnis ist ein Beuteltier in den australischen Alpen. Der Bergbilchbeutler wiegt etwa 40 Gramm und ist ein charismatischer Winterschläfer, der an unsere heimische Haselmaus erinnert. Er steht kurz vor dem Aussterben aufgrund von Klimawandelfolgen wie Hitze, geringere Schneedecke, Rückgang von Insekten und vermehrte Buschbrände sowie aufgrund von fortschreitender Habitat-Zerstörung für Wintersport-Resorts. Auch Salamander-Arten in einem bewaldeten Mittelgebirge im Osten der USA haben es schwer. Viele haben schon jetzt kleine Verbreitungsgebiete, die aufgrund der Erwärmung weiter schrumpfen werden. Hinzu kommt eine schnell fortschreitende Urbanisierung in dieser Gegend[160]. Generell steht es schlecht um Spezialisten in Klimasenken wie Gebirgen, die leider oft sogenannte Biodiversität-Hotspots sind, und ihre Anpassungsfähigkeit wird letztlich über ihr Fortbestehen entscheiden[161].

Den Klimasenken stehen die Klimaquellen gegenüber. Als Beispiel stelle man sich eine Küste in Äquatornähe vor. Wenn es hier wärmer wird, dann ziehen Tiere in kühlere Gegenden. Da es aber keine wärmeren Nachbargebiete gibt, aus denen Arten einwandern, werden die verlorenen Arten nicht ersetzt, und entsprechend geht die Artenvielfalt zurück. Ein wärmeliebendes, mobiles Tier kann entlang eines sogenannten Klimakorridors in ein neues Gebiet ziehen. In diesen Gebieten mischen sich aufgrund einer regen Zu- und Abwanderung viele Arten verschiedener Herkunft. In Korridoren bleibt die Artenvielfalt erhalten oder sie steigt. Die Nordsee und Süddeutschland sind Beispiele für Klimakorridore von großer Bedeutung. Hier wird erwartet, dass viele neue Arten zuwandern und andere Arten abziehen. Die Artenvielfalt bliebe dann entsprechend bestehen oder stiege an, aber die Interaktionen neuer Arten bergen eine große Unbekannte für einheimische Tiere.

Bei Tierwanderungen ändern sich durch den Klimawandel Zeitablauf und Energieversorgung. Beispiele sind der Vogelzug oder die Wanderungen von Fischen und Großsäugern wie Karibus. Zugvögel sind vor allem durch die zeitliche Änderung im Vorkommen ihrer Nahrungsquelle beeinflusst, beispielsweise entwickeln sich Raupen früher. Bei ektothermen Tieren wie Fischen ist ein direkter Temperatur-Effekt auf Mobilität und Leistungsfähigkeit gegeben. Lachse etwa ziehen Hunderte von Kilometern von ihren Laichgründen in Flüssen zum offenen Meer und zurück. Sie bevorzugen kühles Wasser, und wenn sie nun vermehrt Zeit in wärmeren Gewässern verbringen müssen, so hat das negative Folgen für Energiebilanz, Herz-Kreislauf-System und Effizienz der Zugbewegung. Schon jetzt kann der Einfluss der Klimaerwärmung auf die Lachswanderung in den USA gemessen werden[162]. Ob im Wasser oder an Land, Tiere reagieren immer auf eine Veränderung ihres Lebensraums.

KLIMA PUFFER

Einer der wichtigsten Lebensräume weltweit ist der Wald. Er spielt als Habitat für Wildtiere eine große Rolle im Hinblick auf die globale Biodiversität. Der Wald leidet neben der Rodung unter vielen natürlichen Faktoren, darunter Trockenstress, Waldbrände, Sturmschäden und Käferplagen. Ein Forschungsteam aus Wien wollte den Ursachen der schlimmsten Waldschäden auf die Spur kommen und untersuchte dafür europäische Wälder im Zeitraum von 1958 bis 2001[163]. Die Ergebnisse zeigen, dass Waldbrände meist auf Klimaänderungen zurückgeführt werden können, während die Zunahme von Sturmschäden und Käferplagen durch Änderungen in Struktur und Zusammensetzung der Wälder verursacht wird. Das Zusammentreffen eines anfälligen Waldes mit Wetterextremen verursacht die größten Schäden. Ein guter Ausgangszustand ist demnach entscheidend, um der Zunahme der natürlichen Schäden standzuhalten.

Doch die gesunden großen Waldflächen schwinden. 70 Prozent der bestehenden Waldgebiete weltweit liegen innerhalb von einem Kilometer zur nächsten Waldgrenze! Das ist das Ergebnis einer Analyse von Langzeit-Datensätzen, gesammelt über 35 Jahre auf fünf Kontinenten[164]. Mit anderen Worten: »Tiefe Wälder« gibt es kaum noch. Die meisten bestehenden Gebiete sind klein und grenzen direkt an den nächsten gestörten Bereich an. Die fortschreitende Zerschneidung von Wäldern ist für zahlreiche Wildtiere ein Problem, zumal viele bedrohte Arten hier leben. Aber der Waldschwund ist nicht nur schlecht für die Biodiversität, sondern auch für das Klima. Wälder können als sogenannte Klimapuffer wirken, indem sie Kohlenstoffdioxid aus der Luft binden.

Alte Wälder sind bessere Klimapuffer als junge Wälder. Als Ausgleich zu Rodungen werden oft neue Baumbestände angelegt, die jedoch artenreiche Altbestände funktionell nicht ersetzen können. Der Unterschied, vermuten die Autor:innen einer Studie aus dem Jahr 2017, liegt unter anderem in einer dickeren Bodenschicht mit vielen Mikroorganismen, tieferen Wurzeln und einem vielschichtigen Blätterdach. Durch diese Faktoren werden Nährstoff- und Wasserkreisläufe besser unterstützt[165]. Doch nicht nur auf das Alter kommt es an, sondern auch auf die Diversität der Pflanzen innerhalb eines Waldes. Eine hohe Artenvielfalt bedeutet, dass mehr Kohlenstoffdioxid gebunden wird und dass Umweltstressoren generell besser toleriert werden. Wie die Autor:innen zu bedenken geben, ist der Schutz alter Waldbestände, die 15 Prozent der Erdoberfläche bedecken, sehr wichtig, da wir auf ihre

Funktion als Kohlenstoffdioxid-Senken angewiesen sind. Doch der Wald schwindet weltweit, und eine häufige Folge der Rodungen ist für die tierischen Bewohner die Habitat-Fragmentierung.

GENE TISCH

Durch Habitat-Fragmentierung entstehen kleine isolierte Populationen, in denen sich eng miteinander verwandte Tiere paaren. Es fehlt dann an genetischer Auffrischung, denn je näher zwei Individuen miteinander verwandt sind, desto geringer ist der Eintrag neuer Gene, es erfolgt eine sogenannte genetische Verarmung. Auf diese Weise führt ein fragmentierter Lebensraum zu genetischen Engpässen. Diese reduzierte genetische Variation verringert das Anpassungspotenzial von Tieren in Fragmenten.

Der Verlust genetischer Diversität kann bei Wildtierpopulationen zum lokalen Aussterben führen. Denn kleine Populationen, die genetisch verarmt sind, werden anfälliger für Krankheiten. Auch haben sie oft einen reduzierten Fortpflanzungserfolg, etwa aufgrund der Verringerung der Spermien-Qualität oder der Hormonänderungen. Dadurch wird die Inzucht weiter verstärkt, und ein Teufelskreis beginnt. Die fehlende Durchmischung mit neuem Genmaterial macht Tiere auch anfälliger gegenüber chemischen Belastungen wie Umweltgiften, denn die Ausbildung von Resistenz beruht auf einem großen Genpool[166]. Oft sind grüne Korridore zwischen Habitat-Fragmenten die letzte Möglichkeit, um Populationen zu vernetzen und eine genetische Verarmung zu reduzieren.

Wenn die Verhältnisse sich ändern ist eine kurze Lebensdauer von Vorteil. Denn dann kann eine über Generationen erfolgende Anpassung schneller auf neue Umweltbedingungen reagieren. Für Vorhersagen der Anpassungsfähigkeit einer Art sind zwei Faktoren wichtig: Erstens die Fähigkeit zur phänotypischen Plastizität, die besagt, wie gut Individuen kurzfristig auf Änderungen reagieren können. Zweitens die Geschwindigkeit, mit der sich eine Population evolutiv anpassen kann. Das beeinflusst eine langfristige Antwort. Generell wird Flexibilität wichtiger sein als spezialisierte Anpassungen, um mit Klimawandelfolgen zurechtzukommen[167].

Der derzeitige Lebensraum einer Art wird häufig als Indikator für zukünftige Verbreitungsgrenzen und die Sensibilität gegenüber dem Klimawandel genutzt. Jedoch stoßen Tiere in ihrem Lebensraum nicht zwingend an ihre physiologischen Grenzen. Man kann daher nicht von derzeitigen Bedingungen auf die Anpassungsfähigkeit einer Art schließen. Für Vorhersagen sollten möglichst physiologische Aspekte wie Wärmeaustausch oder Wasserhaushalt miteinbezogen werden[168]. Auch spielt das Mikrohabitat eine große Rolle für das Überleben einer Population, jedoch können lokale Unterschiede übersehen werden, wenn Daten über große räumliche und zeitliche Skalen analysiert werden[169]. Die Herausforderung ist, globale Muster zu untersuchen, ohne dabei lokale Details zu übersehen. Außerdem ist es wichtig, physiologische Größen wie Thermoneutralzone, optimale Temperatur, obere kritische Temperatur, thermisches Maximum oder Verdunstungskühlung richtig zu interpretieren. Die Anpassungsfähigkeit einer Art ist ebenso schwer vorherzusagen wie zukünftige Interaktion und Konkurrenz zwischen den Arten.

Simulationsrechnungen über zukünftige Verbreitungsgebiete benötigen Daten. Und wichtige Bestandteile sind ökologische Langzeit-Datensätze auf Populationsbasis und physiologische Daten zum Anpassungspotenzial einer Art. Artenschutz muss auf soliden wissenschaftlichen Daten beruhen, damit Schutzprogramme langfristig wirkungsvoll sind[170]. Und die Physiologie ist dabei fundamental, denn wir müssen verstehen, welche Umweltbedingungen welche Antworten in einem Tier verursachen[171]. Es ist wichtig, die Lücke zwischen Ökophysiologie und Artenschutz weiter zu schließen, denn während der physiologische Blick auf das Individuum gerichtet ist, planen Naturschutzbehörden Projekte langfristig und großflächig. Ein besseres Verständnis des anderen Blickwinkels ist wichtig, und genau hier setzen neue Forschungszweige wie »Conservation Physiology« an[172].

--------------   ----------------   --------------

ARK TISCH

Es ist früher Morgen, als wir aus der kleinen Propellermaschine aussteigen. Begrüßt werden wir von einem eisigen Wind, der über die baumlose Tundralandschaft fegt und den arktischen Winter ankündigt. Ein Taxi bringt uns zu einer kleinen Pension, in der ein wärmendes Feuer auf uns wartet. Wir befinden uns im Oktober 2011 in einem kleinen Ort namens Churchill. Er liegt im Norden der kanadischen Provinz Manitoba, in deren Hauptstadt Winnipeg ich damals mit meinem Mann lebte. Meine Eltern kamen extra von der Nordsee angeflogen, um uns nach Churchill zu begleiten, denn hier gibt es die einmalige Gelegenheit, Eisbären in freier Wildbahn zu erleben. In diesen Ort führt keine Straße, daher muss man auch sein Auto nicht abschließen, denn wegfahren kann von hier niemand. Es gibt allerdings noch einen weiteren Grund, warum hier keiner sein Fahrzeug verriegelt: Es könnte ein Leben retten, wenn das größte Landraubtier hungrig durch die Straßen spaziert!

Churchill liegt an der großen Meeresbucht Hudson Bay, die von November bis Juli zugefroren ist. Um Churchill herum ist die Stelle in der Bucht, wo das Eis als Letztes schmilzt und auch als Erstes wieder gefriert. Das wissen die schlauen Bären und versammeln sich hier im Herbst in großer Dichte. Sie warten darauf, dass die Eisflächen sich wieder schließen, damit sie ihre Jagdgründe erreichen können. Daher kann man um diese Jahreszeit die stolzen Tiere in ihrem natürlichen Lebensraum beobachten.

Gemeinsam mit anderen Ökotouristen steigen wir in einen sogenannten Tundra-Buggy. Dieses bärensichere Fahrzeug bringt uns in die Welt der Eisbären – bleibt dabei aber auf Feldwegen, damit die Bären bestimmen können, wie lange sie beobachtet werden möchten und bei Bedarf einfach davonspazieren. Die Tiere sind zu dieser Jahreszeit gelangweilt vom Warten auf den Winter, sie sind hungrig und neugierig. Wir sehen, wie ein Bär in der Ferne die Überreste eines Karibus frisst. Und immer wieder kommen Tiere nah an unser Fahrzeug heran. Ein umwerfendes Erlebnis. Diese weißen

Riesen wirken fast sanft. Ja, es ist lustig mitanzusehen, wie sich ein großes Männchen gelangweilt auf dem Rücken hin und her rollt und dabei an einen verspielten Labradorwelpen erinnert. Als es dann aufsteht, zu uns herüberläuft und sich auf seine Hinterbeine stellt, um das Fahrzeug neben uns genauer zu inspizieren, wird mir die volle Größe und Kraft dieser schönen Tiere bewusst. Wir reden kaum, schauen nur ehrfürchtig hinaus in die Welt der Eisbären und saugen jeden Moment auf. Es ist wirklich einmalig und eine Situation, von der man weiß, dass selbst das beste Foto dem nicht gerecht wird, ähnlich wie bei Walbeobachtungen. Churchill ist bekannt als »Polar Bear Capital of the World«. Und nirgends sind die Bären besser untersucht als hier.

Nach einem Tag bei den Bären kaufen wir in einem kleinen Laden ein Buch von Ian Stirling. Seit 1970 forscht der Biologe in dieser Gegend und ist einer der einflussreichsten Eisbären-Experten. Durch Aufzeichnungen zeitlicher Abläufe und Vorkommen war er einer der Ersten, der auf den dramatischen Effekt des Klimawandels für die Bären hingewiesen hat. Denn die Langzeitstudien zeigten starke Änderungen im Leben der Tiere. Eisbären sind derzeit nicht akut vom Aussterben bedroht. Es gibt noch etwa 26 000 Tiere in 19 Populationen, und der Trend der Populationsgröße ist laut der Weltnaturschutzunion IUCN unbekannt. Jedoch sind sie als stark gefährdet eingestuft, vor allem aufgrund der schwindenden Eisflächen. Denn Eisbären halten nicht etwa Winterschlaf, sondern der Winter ist für sie die Hauptzeit zum Fressen, wenn sie von den Eisflächen aus jagen können. Wenn das Eis schwindet, dann werden die Jagdgründe der Bären kleiner, brüchiger, stärker fragmentiert, und sie erlauben für einen geringeren Zeitraum das überlebenswichtige Auffüllen der Energiereserven[173].

Der Eisbär ist perfekt angepasst an das Leben auf dem Eis. Obwohl er dazu wenig Zeit hatte, denn evolutiv gesehen ist es eine junge Art. Erst vor 400 000 Jahren wurden Eisbär und Braunbär als Arten voneinander getrennt[174]. In dieser relativ kurzen Zeitspanne passte sich der Eisbär rapide an das Leben auf dem Eis an. Er bekam schärfere und rundere Krallen für einen besseren Halt, verkleinerte Ohren und Schwanz, um den Wärmeverlust zu reduzieren, und optimierte seine Vorderpfoten zum Schwimmen. Am wohl offensichtlichsten ist der Verlust der Pigmentierung der Haare für eine bessere Tarnung. Auch seine Physiologie hat der Eisbär stark verändert, beispielsweise das Herz-Kreislauf-System, die Thermoregulation und die Verdauung. Gerade der Wechsel von fast rein pflanzlicher Nahrung auf einen Speiseplan mit vorwiegend Meeressäugern erforderte eine erhebliche Umstellung[175]. Und auch ökologische Aspekte haben sich stark gewandelt, wie die Habitatnutzung und die zeitliche Abfolge jährlich wiederkehrender Ereignisse.

Doch der Lebensraum, an den sich der Eisbär so perfekt angepasst hat, schwindet. Die Arktis erwärmt sich schneller als andere Teile der Erde, und entsprechend verschieben sich zeitliche Abläufe für ihre tierischen Bewohner. Eine Studie in der Fachzeitschrift »Biology Letters« beschäftigt sich mit den Aussichten für die Bären. Und sie sind alles andere als rosig. Für alle 19 Populationen wird innerhalb der nächsten drei Eisbär-Generationen ein Rückgang von 30 bis 50 Prozent erwartet[176]. Als Generation wird hier das Durchschnittsalter von weiblichen Bären mit Jungtieren genommen, das 11,5 Jahre beträgt. Aufgrund der früher schmelzenden Eisflächen erhöht sich der Druck auf die Eisbären.

In der Hudson Bay bricht das Eis inzwischen schon volle drei Wochen früher als noch vor 30 Jahren. Damit ist der Zeitpunkt gemeint, an dem die Oberfläche zur Hälfte aus Wasser besteht. Dadurch haben die Bären weniger Zeit für die Jagd auf ihre Hauptnahrungsquelle: die Ringelrobbe. Denn Mai und Juni sind die ertragreichsten Monate, die aber immer näher an die Zeit der brechenden Eisflächen rücken. Zwar können Eisbären gut schwimmen, aber Robben fangen sie im freien Wasser selten. Außerdem verlieren sie im Wasser 90 Prozent mehr Wärme und müssen daher mehr Energie zum Warmbleiben aufbringen[173].

JAGD GRÜNDE

Je früher das Eis schmilzt, desto dünner sind die Bären, die hier in Churchill im Sommer ans Festland kommen. Viele haben ihre Fettreserven aufgebraucht, lange bevor die Bucht wieder zufriert.

Nicht alle Eisbärenpopulationen verbringen den Sommer an Land, einige bleiben das ganze Jahr auf dem Eis. Und hier gibt es derzeit einen dramatischen Wechsel, wie eine Untersuchung an vier Standorten in Spitzbergen und Grönland zeigt. Zwischen den Jahren 1980 und 2000 kamen selten Eisbären an Land, doch seit diesem Zeitpunkt steigt die Anzahl der Bären um 15 Prozent pro Jahr[177]. Ein direkter Zusammenhang mit schwindenden Eisflächen konnte auch hier demonstriert werden. Es kommen nicht nur mehr Bären, sondern sie kommen auch immer früher. Innerhalb von 19 Jahren hat sich ihre Ankunft schon um einen Monat nach vorn verschoben. Eine solche drastische Änderung im Vorkommen eines großen Raubtiers hinterlässt natürlich Spuren in einem Ökosystem durch einen enormen Druck auf die Nahrungskette. Die Autor:innen berichten, dass bis zu 90 Prozent der Nester von Nonnengans, Eiderente und Eismöwe geplündert werden, wenn Eiablage und Eisschmelze zusammenfallen. Es werden komplexe Auswirkungen in den Küstenlandschaften erwartet, vor allem dort, wo Eisbären erst seit wenigen Jahren überhaupt an Land kommen. Ein solches vermehrtes Auftreten von Bären an Küstenlandschaften ist wohl eine Verhaltensanpassung an schrumpfende Jagdgründe.

Kurzfristig könnten neue Habitate für Eisbären entstehen, wenn sich derzeit permanent zugefrorene Gegenden zu jährlich schmelzenden Eisflächen umwandeln. Langfristig jedoch werden schwindende Jagdgründe erhebliche energetische Engpässe darstellen. Wie Ian Stirling und Kolleg:innen befürchten, lösen die kleiner und dünner werdenden Eisflächen, die zudem früher schmelzen, eine negative Reaktionsfolge für Eisbären aus. Schlecht genährte Weibchen haben einen geringeren Fortpflanzungserfolg. Die fragmentierten Eisflächen werden Bären öfter zum Schwimmen und Überwinden weiter Strecken zwingen, was ihren Energiebedarf stark erhöht, sowohl zum Wärmen als auch zur Fortbewegung[173]. Alternative Nahrungsquellen wie Vogeleier sind für Eisbären, die auf speckige Robben spezialisiert sind, langfristig wohl nicht ausreichend.

Die hungrigen Bären, die vermehrt an Land kommen, sorgen auch zunehmend für Konflikte in Ortschaften. Wenn in Churchill Feuerwerkskörper zu hören sind, dann ist ein Bär im Ort, der vertrieben werden soll. Da schaut man sich besser schon mal nach dem nächsten Auto um, das ja zum Glück nicht abgeschlossen sein wird! Wir machen unsere letzte Eisbärentour. Es ist neblig und kalt, die feuchte Tundra zeigt sich trotz des diffusen Lichts in intensiven Farben lila, dunkelgrün und gelb. Die weißen Bären heben sich deutlich von der Landschaft ab und sind gut zu beobachten. Auch andere Tundrabewohner wie Polarhase, Polarfuchs und Moorschneehuhn sind bestens zu erkennen. Sie sitzen strahlend weiß auf der dunklen, kargen Oberfläche ohne jegliche Tarnung und scheinen fast sehnsüchtig auf den Schnee zu warten! Dieser beginnt am Abend zu fallen, als wir zu einem Restaurant in der Nähe der Pension laufen.

Als wir am kommenden Morgen auschecken, hat sich die Tundra in eine zauberhafte Schneelandschaft verwandelt. Wir wollen einen kurzen Abschiedsspaziergang durch den Ort machen – doch da wird uns mitgeteilt, dass vor ein paar Stunden ein Bär vor der Pension gesichtet worden ist! Hungrige Bären können Menschen anfallen und schwer verletzen, also muss nach einer solchen Nachricht jeder Aufenthalt draußen vermieden werden. Entsprechend springen wir von der Tür direkt ins Taxi, das uns zum Bahnhof bringt. Zurück nach Winnipeg wollen wir nämlich per Zug. Aus den großen Fenstern unserer Kabinen, die sich nachts in ein Hotelzimmer verwandeln, können wir den Wechsel der Landschaften bewundern. Wir verlassen die schöne Schneelandschaft mit ihren nun gut getarnten tierischen Bewohnern. Der Zug rumpelt gemütlich gen Süden, eilig hat er es wahrlich nicht. Der Schnee schwindet langsam, die ersten Bäume erscheinen hier und da, am zweiten Tag durchqueren wir Herbstwald, um am letzten Morgen mitten in den strahlend gelben Maisfeldern der Prärie zu erwachen. Eine leichte Melancholie schwingt mit bei diesem langsamen, sanft ruckelnden Abschied von den Eisbären.

MEGA FAUNA

Eisbären teilen mit 15 Prozent aller Säugetiere eine Eigenschaft, die ihnen den Umgang mit den Klimaerwärmungen erschweren wird: Sie sind groß. Schwerer als fünf Kilogramm zu sein war historisch gesehen schon immer schlecht. In der Tat stehen große Arten unter einem größeren Risiko des Aussterbens[178]. Je größer ein Tier ist, desto weniger Jungtiere hat es, desto geringer ist die Populationsdichte und desto geringer ist seine Wärmeabgabe. Gleichzeitig hat es einen größeren Bewegungsradius, erreicht später sein fortpflanzungsfähiges Alter, hat längere Tragezeiten und lebt länger. Alle diese Faktoren sind nachteilig, wenn es darum geht, auf Veränderungen in der Umwelt zu reagieren[179]. Große Tiere können zwar theoretisch besser große Distanzen zurücklegen, um Temperaturnischen zu folgen, aber in der Praxis sind sie durch Zäune und andere Barrieren daran gehindert, im Gegensatz zu Kleinsäugern oder Vögeln.

Sehr große Tiere sind besonders in Bedrängnis. Mit über 44 Kilogramm Körpergewicht zählen Tiere zur »Megafauna«. Und sie haben es schwer in einer anthropogen dominierten Welt, denn sie vermehren sich langsam und brauchen viel Platz. Der aber sinkt beständig aufgrund von steigenden Bevölkerungszahlen, extensiver Nutztierhaltung und Habitat-Fragmentierung. Und die Vergangenheit der Megafauna spricht Bände. Während der letzten Eiszeit, einer Kaltzeit vor 126 000 bis 12 000 Jahren, starben 80 Prozent der Pflanzenfresser mit über 1000 Kilogramm Körpergewicht aus. Die bekanntesten Vertreter sind Mammuts, aber tatsächlich gab es damals viele Tiere »in groß« wie Riesenfaultiere oder der »Riesenwombat« Diprotodon, der mit über 2500 Kilogramm das größte Beuteltier überhaupt war und dessen Skelett in dem kleinen australischen Ort Coonabarabran zu bestaunen ist.

Die Wissenschaft ist sich erstaunlich uneinig darüber, warum so viele Vertreter der Megafauna damals ausgestorben sind. Gerade in Bezug auf Australien gehen die Argumente in hochkarätigen Fachzeitschriften hin und her zwischen Klima und Mensch als Hauptursache. Entweder wurden die Lebensbedingungen ungünstig für die großen Tiere, oder die Menschen, die sich damals von Afrika aus über die Welt verteilten, dezimierten die Tiere in den fragilen Ökosystemen als neue Spitze der Nahrungskette. Manche Funde sprechen gegen eine schnelle Dezimierung durch die Jagd. Australien wurde vor 50 000 Jahren besiedelt, und in südlichen Teilen des Kontinents gibt es Beweise für eine 17 000 Jahre dauernde Koexistenz von Mensch und Megafauna[180]. Ökosysteme weltweit veränderten sich damals von Grasland in offene Waldlandschaften, die große Populationen von Großsäugern nicht länger versorgen konnten[181]. Viele Expert:innen halten inzwischen eine Kombination von klimabedingten und menschenverursachten Gründen für wahrscheinlich[182]. Ein schneller Wandel von Temperatur, Niederschlag und Lebensraum schwächte die Populationen der Megafauna, und der zunehmende Druck durch den Menschen verhinderte eine Erholung, die durch verringerte Fortpflanzung sehr langsam verlief. Das Zusammenspiel dieser Faktoren erinnert verdächtig an unsere heutige Situation.

Expert:innen werfen einen pessimistischen Ausblick auf das Überleben der verbleibenden Megafauna. Der starke Rückgang von Land-Pflanzenfressern mit einem Gewicht von über 100 Kilogramm ist nicht nur bedenklich im Sinne des Artenschutzes, sondern auch aufgrund ihrer Rolle für die Ökosysteme[183]. Denn ihr Rückgang beeinflusst nicht nur andere Tiergruppen wie Raubtiere und Kleinsäuger, sondern auch Bodenbeschaffenheit und Vegetation. Unter den 74 größten Land-Pflanzenfressern sind elf Arten kurz vor dem Aussterben, darunter der Westliche Gorilla, das Sumatra-Nashorn oder das Zwergflusspferd. Vor Tausenden von Jahren dominierten Pferde, Zebras und Esel die Landschaften Afrikas, Asiens und Amerikas, doch heute sind nur noch sieben Arten vertreten, von denen fünf bedroht sind, darunter einige stark wie der Afrikanische Esel. Fast alle der bedrohten Großsäuger stehen unter großem Druck aufgrund von Wilderei, Landnutzung und Konkurrenz mit Viehzucht.

Zu den großen Tieren gehören natürlich auch die Nutztiere. Auch sie sind wie die Wildtiere vom Klimawandel betroffen, vor allem in heißen Ländern, wo sie oft draußen gehalten werden und steigende Temperaturen und Trockenheit ihre Reproduktionsrate und Gesundheit beeinträchtigen[184]. Auch wenn Nutztiere bei uns in klimatisierten Ställen untergebracht sind, so darf ihr Wohl bei der Sorge um die Wildtiere nicht vergessen werden. In Deutschland werden laut Informationen des Bundesministeriums für Ernährung und Landwirtschaft jährlich 59 Millionen Schweine, 701 Millionen Geflügeltiere und 3,7 Millionen Rinder geschlachtet. Der Anteil von Tieren aus ökologischer Haltung liegt zwischen 0,4 Prozent bei Schweinen und vier Prozent bei Rindern. Das Tierwohl wird meist ökonomischen Gesichtspunkten untergeordnet, beispielsweise werden säugende und tragende Sauen in engen Kastenständen gehalten, die keine Drehung erlauben, und ein Fünftel der Kühe in Deutschland lebt in sogenannter Anbindehaltung, die nur Aufstehen und Hinlegen ermöglicht.

Neben besseren Transport- und Haltungsbedingungen für Nutztiere ist eine generelle Reduzierung des Fleischkonsums erstrebenswert. Neben ethischen und gesundheitlichen Gesichtspunkten ist das prima fürs Klima. Die anthropogen verursachten Klimaänderungen beruhen vorrangig auf dem Verbrauch fossiler Brennstoffe wie Erdöl oder Kohle, auf der Rodung großer Waldflächen und auf der Viehzucht. Global ist die Haltung von Nutztieren verantwortlich für 15 Prozent des Gesamtanteils der Treibhausgase und für 50 Prozent des Methan-Ausstoßes. Europa zeichnet sich durch einen hohen Verzehr von tierischen Produkten aus. Eine Studie in der Fachzeitschrift »Global Environmental Change« erklärt, dass durch eine Halbierung des Konsums von Fleisch, Eiern und

Milchprodukten in der Europäischen Union eine Reduktion der Treibhausgas-Emission um 25 bis 40 Prozent erzielt werden könnte[185]! Auch die menschliche Gesundheit würde profitieren, denn aufgrund des resultierenden 40-prozentigen Rückgangs gesättigter Fettsäuren auf dem Speiseplan würde das Risiko für Herz-Kreislauf-Erkrankungen sinken. Zusätzlich wäre der Bedarf an Sojaschrot als Futtermittel für Nutztiere um 75 Prozent geringer, was wiederum der Umwelt guttäte.

ELFEN BEIN

Bei vielen Wildtieren ist die Nachfrage für Tierprodukte und Fleisch eine treibende Kraft der Bedrohung. Beispielsweise ist die illegale Jagd für Elefanten eine viel mächtigere Gefahr als jeder anderer Einfluss. Die Probleme der Wilderei in Afrika wurden mir als Kind der 1980er Jahre durch Fernsehsendungen des Frankfurter Zoologen Bernhard Grzimek nähergebracht. Und gern würde man den illegalen Elfenbeinhandel als Problem von damals abschreiben. Tatsächlich werden heutzutage mehr Elefanten denn je für ihre Stoßzähne getötet. Der Bericht der Weltnaturschutzunion IUCN aus dem Jahr 2008 geht zwar noch von einer steigenden Population für den Afrikanischen Elefanten aus, aber laut einer Publikation aus dem Jahr 2014 hat sich die Situation seitdem deutlich verschlimmert. Seit dem Jahr 2008 ist die Zahl der geschossenen Tiere stark angestiegen, in Korrelation mit steigenden Schwarzmarktpreisen für die Stoßzähne auf dem chinesischen Markt[186]. Über einen Zeitraum von drei Jahren (2010–2012) wurden 100 000 Elefanten getötet, was einer Reduktion der Population um etwa 3 Prozent entspricht. Auf lange Sicht ist eine solche Verlustrate nicht zu verkraften.

Die Bedrohung durch den Klimawandel ist für den Elefanten derzeit sekundär, da er selbst Umgebungstemperaturen von 40 °C gut ertragen kann[88]. Für die Regulation seiner Körpertemperatur bei Hitze ist er allerdings zwingend auf Wasserstellen und Schattenplätze angewiesen. Diese Faktoren werden zukünftig noch wichtiger werden, gerade wenn die Umgebungstemperaturen immer öfter die Körpertemperatur übersteigen werden. Durch Zäune eingeschränkte Bewegungen können problematisch werden, wenn Elefanten dadurch der Zugang zu Wasser und Schatten genommen wird.

In Afrika gibt es eine weitere Elefantenart, die in den tropischen Wäldern Zentralafrikas lebt. Der Waldelefant war früher als Unterart des Afrikanischen Elefanten eingestuft. Seit dem Jahr 2001 ist der Waldelefant jedoch als eigene Art beschrieben[187]. Er ist relativ wenig untersucht, auch weil der dichte Regenwald wissenschaftliche Studien erschwert. Es wird geschätzt, dass 50 Prozent der Tiere im zentralafrikanischen Staat Gabun leben. Hier wurde ein großes Schutzgebiet von über 7000 Quadratkilometern eingerichtet, das einen sicheren Rückzugsort bilden sollte. Weit abgelegen und größer als viele vergleichbare Schutzzonen wurde das Gebiet als abgeschieden genug und als ausreichend groß eingeschätzt, um den Kern der Population zu schützen. Eine Studie beschreibt allerdings, dass dort zwischen den Jahren 2004 und 2014 ein Populationsrückgang von 80 Prozent erfolgte, was etwa 25 000 Tieren entspricht[188]. Wilderei ist als

Grund wahrscheinlich, basierend auf Funden toter Tiere und beschlagnahmtem Elfenbein, das noch teurer ist als die Stoßzähne der Afrikanischen Elefanten.

Eine Studie aus dem Jahr 2020 wartet mit ähnlich schlechten Nachrichten auf. Sie untersuchte die Größe der Waldelefanten-Populationen im südwestlichen Gabun, wo neben Waldgebieten auch Siedlungen und Plantagen liegen und Öl gefördert wird. Um die Anzahl der Tiere zu schätzen, suchten die Wissenschaftler:innen in der Landschaft systematisch nach Dung und nutzten dann mikrobiologische Analysen, um zu sehen, ob er vom selben Tier oder von verschiedenen Individuen stammt. Die Ergebnisse zeigen, dass die Population der Waldelefanten in ihrem Hauptverbreitungsgebiet um 40 bis 80 Prozent kleiner ist als bisher angenommen[189].

Die dritte Elefantenart ist der Asiatische Elefant. Seine Verbreitung erstreckt sich über 13 Länder in Süd- und Südostasien, und seine Gesamtanzahl in freier Wildbahn wird auf 50 000 Tiere geschätzt[190]. Am schlechtesten geht es den Tieren in Vietnam, Myanmar und Sumatra mit weniger als 150 Individuen. Die Hauptursachen sind Habitatverlust, Konflikte mit Menschen und Wilderei. Stoßzähne sind bei dieser Art vor allem bei den männlichen Tieren ausgebildet, während sie bei den afrikanischen Arten bei beiden Geschlechtern vorkommen. Das bedeutet jedoch nicht, dass Weibchen verschont bleiben, denn die Nachfrage nach Elefantenhaut und Fleisch nimmt zu. Die Autor:innen sind außerdem besorgt um das Wohl der etwa 15 000 Tiere, die in

Gefangenschaft leben, da die Halte- und Trainingsbedingungen wenig kontrolliert werden.

Bei den Nashörnern sieht es nicht besser aus. Auch hier stellt die Wilderei eine starke Bedrohung dar. Laut einer Publikation aus dem Jahr 2013 in der Fachzeitschrift »Science« ist die Lage dramatisch[191]. Doch beginnen wir mit der guten Nachricht: Das Breitmaulnashorn hat dank Schutzmaßnahmen eine erstaunliche Erholung erlebt. 90 Prozent der derzeit etwa 20 000 Tiere leben in Südafrika. Vom Spitzmaulnashorn gibt es etwa noch 5000 Tiere, von denen 80 Prozent in Südafrika und Namibia leben. Leider wurde eine Unterart im Jahr 2011 als ausgestorben erklärt: das Westliche Spitzmaulnashorn.

Die Nachfrage nach Rhinozeros-Horn steigt, die Wilderei nimmt rasant zu. Zwischen den Jahren 2008 und 2013 hat sich die Zahl der erlegten Tiere jährlich verdoppelt. Die Tiere werden getötet für ihr Horn, das nicht aus Knochen oder Elfenbein besteht, sondern aus Keratin, wie unsere Haare und Fingernägel, und ständig nachwächst. Obwohl es keinerlei medizinische Wirkung hat, gibt es in China und Vietnam eine starke Nachfrage zur Herstellung von Heilmitteln. Verbote, Verfolgung und Bildung zeigen keinen Erfolg. Wenn die illegale Jagd wie bisher weitergeht, wird es in 20 bis 30 Jahren keine wilden Nashörner mehr geben. Es wurde sogar schon versucht, das Leben von Tieren zu retten, indem das kostbare Horn abgesägt wurde – entsprechende Individuen wurden dennoch später abgeschossen, weil selbst der Stumpf noch genug Geld einbringt. Der Preis für das Horn ist auf dem Schwarzmarkt höher als für Gold, Diamanten oder Kokain.

Angesichts der aussichtslosen Lage für diese stolzen Vertreter der Megafauna schlagen die Autoren der eben erwähnten Studie als letzte Lösung eine Legalisierung vor. Dadurch könnte der Druck durch Wilderei gemildert werden. Es wird geschätzt, dass die Nachfrage nachhaltig und ohne Leiden von etwa 5000 Nashörnern in privaten Reservaten Südafrikas bedient werden könnte. Während einer kurzen Betäubung könnten ohne Folgeschäden Teile der Hörner abgetrennt werden, die wieder nachwachsen. Das dadurch eingenommene Geld könnte in Schutzprogramme fließen und die lokale Bevölkerung finanziell absichern. Als Vergleich wird der Verkauf von Krokodilhaut genannt. Früher war der Druck auf wilde Populationen groß, um die Nachfrage der Modeindustrie zu decken. Dann wurde das Produkt legalisiert, die Tiere für diesen Zweck gezüchtet, und die Wilderei und der Druck auf wilde Populationen gingen drastisch zurück. Eine Legalisierung des Verkaufs von Nashorn-Hörnern birgt allerdings das Risiko, dass die Nachfrage wieder ansteigen könnte und dass der Verkauf vor Ort schwer zu kontrollieren und regulieren wäre.

HOT SPOT
Einen ähnlichen Vorschlag gibt es für andere Sorgenkinder des Artenschutzes, die Landschildkröten. Allen voran die stark bedrohte Strahlenschildkröte. Menschen in Europa zahlen 5000 US-Dollar auf dem illegalen Markt, um ein solches Reptil als Haustier zu halten. Das Tier kommt nur in Madagaskar vor, wo über 80 Prozent der Menschen in absoluter Armut leben. Ein langjähriges Verbot hat nichts gebracht, der Schwarzmarkt floriert, und zusätzlich steigt der

Verzehr der Tiere vor Ort. Zwischen den Jahren 2001 und 2011 ging die Population um 47 Prozent zurück. Mein befreundeter Kollege Jörg Ganzhorn, der seit vielen Jahrzehnten über die Ökologie Madagaskars forscht, schlug gemeinsam mit Kolleg:innen vor, dass die Legalisierung des Verkaufs bedrohter Tiere eine bessere Kontrolle des Marktes ermöglichen könnte[192]. Würden die Menschen vor Ort Gebiete zugewiesen bekommen, in denen sie für das Wohl der Tiere verantwortlich sind und dafür eine gewisse Anzahl an Tieren fangen und verkaufen dürfen, so würde das Geld in die lokalen Gemeinschaften fließen und die Kontrolle erleichtert werden.

Madagaskar ist ein sogenannter Biodiversitäts-Hotspot. 97 Prozent der Säugetiere, Reptilien und Amphibien sind endemische Arten, sie leben nur dort und sonst nirgends auf der Welt. Während meiner Zeit in Hamburg war ich in einem Arbeitskreis voller Madagaskar-Expert:innen gelandet und habe dort einen Einblick in diese faszinierende Tierwelt bekommen. Einer von ihnen ist Jörg Ganzhorn, nach ihm wurde im Jahr 2016 sogar eine neu bestimmte Lemurenart benannt, der kleine Mausmaki *Microcebus ganzhorni*. Madagaskar ist ein trauriges Beispiel dafür, wie ein Biodiversitäts-Hotspot durch Rodung und Wilderei zugrunde geht[193]. Die bekanntesten Tiere hier sind die Lemuren, denen es ebenso schlecht geht wie den Landschildkröten. Im Juni 2020 hat die Weltnaturschutzunion IUCN den Status dieser Primaten überarbeitet und zeigt nun 103 der 107 Lemuren als gefährdet, davon sind 33 Arten akut vom Aussterben bedroht. Madagaskar gehört zu einer der am meisten anthropogen veränderten Landschaften weltweit. Der Schutz der verbleibenden intakten Gebiete ist unentbehrlich, da sonst unzählige Tierarten für immer verloren gehen.

Schutzprogramme konzentrieren sich meist auf Gegenden mit hoher Biodiversität und vielen bedrohten Arten. Der Biodiversitäts-Forscher Marcel Cardillo gibt in einer Publikation zu bedenken, dass wir neben dem dringenden Schutz dieser Gebiete nicht die Rolle von bisher relativ unbeeinflussten Zonen vergessen dürfen. Idealerweise wird beim Planen zukünftiger Schutzgebiete nicht nur der aktuelle, akute Status von Wildtieren bedacht, sondern zusätzlich auch ein latentes, schlummerndes Aussterberisiko von Arten miteinbezogen[194]. Die letzten verbleibenden Gebiete relativ ungestörter Wildnis sind beispielsweise der Nadelwald in Kanada oder Alaska oder die sibirische Tundra. Die hier lebenden Tiere können sehr empfindlich sein gegenüber zukünftigen Änderungen, da es sich vor allem um große Tiere handelt, Huftiere und Raubtiere, die sich durch eine langsame Fortpflanzung auszeichnen. Hingegen sind Gebiete wie Europa, Japan oder Neuseeland schon so stark durch menschliche Einflüsse verändert worden, dass es hier relativ wenige Arten gibt, die in der Zukunft »plötzlich« in Probleme geraten werden.

AUS STERBEN
Wenn es um den Verlust von endemischer Fauna geht, dann ist Australien der traurige Rekordhalter. Hier sind in den vergangenen 200 Jahren 30 Säugetierarten und 29 Vogelarten ausgestorben[195]. Und das sind nicht nur »alte Geschichten« wie die, als im Jahr 1936 der letzte gefangene Tasmani-

sche Tiger, auch Beutelwolf genannt, in einem Zoo in Hobart starb. Nein, es geht heutzutage ungebremst weiter. Alleine im Zeitraum von 2009 bis 2014 sind in Australien drei Arten von Wirbeltieren ausgestorben: die Weihnachtsinsel-Fledermaus, eine Echsenart sowie die Bramble-Cay-Mosaikschwanzratte auf einer Insel im Great-Barrier-Reef. Bei allen drei Arten war das Aussterben absehbar und abwendbar, wie ein Team von Wissenschaftler:innen um John Woinarski erklärt[196]. Doch Schutzprogramme wurden nicht wie verlangt durchgesetzt, und bis zum Jahr 2038 wird der Verlust von weiteren sieben Säugetier- und zehn Vogelarten befürchtet.

Zeit für einen kurzen Blick in die Vergangenheit. In der Erdgeschichte gab es fünf Ereignisse des Massenaussterbens. Der erste große Artenverlust ereignete sich vor etwa 439 Millionen Jahren, verursacht wohl durch stark fluktuierende Meeresspiegel. Das zweite Ereignis war vor etwa 364 Millionen Jahren, und ein starker Temperaturabfall infolge eines Meteoriteneinschlags gilt als wahrscheinlicher Grund. Das dritte Artensterben fand vor 251 Millionen Jahren statt: Damals gingen 95 Prozent aller Land- und Wassertiere, verloren und als möglicher Grund werden Klimaveränderungen infolge einer Naturkatastrophe durch Vulkanismus diskutiert. Die vierte große Aussterbewelle war vor etwa 199 bis 214 Millionen Jahren, wahrscheinlich verursacht durch eine Klimaerwärmung infolge starker Vulkanaktivität. Dem fünften und jüngsten Ereignis vor 65,5 Millionen Jahren fielen unter anderem die Dinosaurier zum Opfer; Klimaänderungen, ausgelöst durch einen Asteroid und Vulkanismus, gelten als der Grund[197].

Befinden wir uns derzeit am Beginn des sechsten Massenaussterbens der Erdgeschichte? Der mexikanische Ökologe Gerardo Ceballos ist einer der vielen Wissenschaftler, die das bejahen. Er hat zahlreiche Publikationen zu dem Thema geschrieben, darunter einen Artikel in der Fachzeitschrift »Science«, in dem er mit Kollegen die derzeitigen Artenverluste im Vergleich mit evolutiv normalen Aussterberaten analysiert. Als Basis wird der Artenverlust in Zeiträumen zwischen den eben aufgelisteten Aussterbewellen ermittelt. Die Ergebnisse zeigen, dass in den letzten 100 Jahren 400 Arten von Wirbeltieren ausgestorben sind. Unter normalen evolutiven Umständen hätte es dafür 10 000 Jahre gebraucht! Seit dem Jahr 1500 verlieren wir Arten schneller, als die Evolution es vorsieht – in der Tat liegt die derzeitige Aussterberate tausendfach über der normalen Rate[198].

ÜBER LEBEN

Doch von den ausgestorbenen Tieren nun zu denen, die kurz davorstehen. Derzeit sind 32 000 Tierarten als vom Aussterben bedroht eingestuft. Diese Zahl stammt von der Weltnaturschutzunion IUCN im August 2020 und basiert auf bisher 120 372 bearbeiteten Tierarten. Traurige Anführer sind die Amphibien mit 41 Prozent bedrohter Arten. 26 Prozent der Säugetiere sind bedroht und 14 Prozent der Vögel. Von Haien und Rochen sind 30 Prozent bedroht, von Krustentieren 28 Prozent. Bei Reptilien oder Insekten ist die Datengrundlage oft zu ungenügend, um überhaupt eine Einschätzung zu ermöglichen. Das ist besonders besorgniserregend, denn wir können nur schützen, was wir kennen.

Es gibt derzeit 515 Wirbeltierarten, bei denen weniger als 1000 Individuen überlebt haben[199]. Bei vielen Arten sind es sogar weniger als 250 Tiere, wie beim Sumatra-Nashorn. Die 77 Säugetier- und Vogelarten, die kurz vor dem Aussterben stehen, haben 94 Prozent ihrer Populationen verloren. Die überlebenden Tiere leiden meist unter genetischer Verarmung. Hier mag die Art zwar noch vorkommen, aber ihre Funktion innerhalb des Ökosystems kann sie meist nicht mehr ausfüllen. Denn bei solchen Verlusten geht es nicht nur um das Tier an sich, das für immer verschwunden ist, sondern auch um seine Rolle im Ökosystem, wie etwa Nahrungskette, Konkurrenzsituationen oder Landschaftsnutzung. Man denke beispielsweise an die Erdferkel aus Kapitel 3, die durch das Graben von Höhlen 27 anderen Wirbeltierarten Schutz und ein kühles Mikroklima bereitstellen.

Man muss aber gar nicht in ferne Länder schauen, um Säugetiere verschwinden zu sehen. Im Jahr 2016 war ich eingeladen zur Tagung der »International Common Hamster Workgroup« in Heidelberg. Dort war der starke Rückgang des Europäischen Hamsters oder Feldhamsters das vorrangige Thema. In den 1970er Jahren stellte die Art noch eine landwirtschaftliche Plage dar, die Europa in großer Dichte bewohnte – und nun, im Jahr 2020 ist sie stark vom Aussterben bedroht. Das Vorkommen des putzigen Nagers ist in Mittel- und Osteuropa um 75 Prozent zurückgegangen. Den starken Rückgang in der Reproduktion sehen viele als den Hauptgrund[200]. Weibchen bringen ihren Nachwuchs bis zu zwei Monate später im Jahr zur Welt. Waren es früher jährlich 20 Jungtiere pro Weibchen, so sind es heute nur noch fünf, und davon erreichen rechnerisch nur 0,5 das reproduktionsfähige Alter. So erleidet die Art einen stetigen Populationsrückgang.

Diverse Schutzmaßnahmen für den Hamster in den vergangenen 20 Jahren sind gescheitert. Trotz vieler Forschungsprojekte ist der Kern des Problems nicht eindeutig bestimmt. Keiner hätte wohl erwartet, dass der Schutz einer früher so weitflächig und zahlenstark vorkommenden Art so schwer sein würde! Die möglichen Ursachen werden kontrovers diskutiert, darunter Veränderungen von Klima, Landwirtschaft, Lichtverhältnissen oder Fressfeinde. Eine Studie aus dem Jahr 2014 fand einen direkten Zusammenhang zwischen dem Zeitpunkt der Ernte und dem Reproduktionserfolg[201]. Die Getreidefelder bieten nicht nur Nahrung, sondern auch Schutz vor Raubtieren, und sie beeinflussen die Lichtverhältnisse am Boden. Eine klimabedingte zeitliche Unstimmigkeit zwischen Fortpflanzung und Erntezeit ist wahrscheinlich.

NEUANSIEDLUNG

Wie rettet man eine Art, die kurz vor dem Verschwinden steht? Für den bereits erwähnten, stark bedrohten Bergbilchbeutler in den australischen Alpen schlagen Expert:innen eine Neuansiedlung vor. Derzeit ist das Tier nur in drei sehr kleinen Gebieten in den australischen Alpen zu finden, wo es langfristig nicht überleben wird[202]. Warum also nicht versuchen, es in geschützten Bereichen wieder an vorige Lebensräume zu gewöhnen und dort auszuwildern? Als Gebiete werden niedrigere Lagen vorgeschlagen, wo die Art Fossilfunden zufolge vor Millionen von Jahren weit verbreitet war. Verfügen Arten, die als so spezialisiert erscheinen, über genügend Flexibilität, um sich an neue Lebensräume anzupassen?

Derartige Versuche werden viel diskutiert. Eine Publikation über die Erfolge und Risiken der verschiedenen Methoden der Neuansiedlung schließt mit der Feststellung, dass es wenig bringt, dem romantischen Konzept der »ungestörten Natur« hinterherzujagen. Es ist von wenigen Ausnahmen abgesehen in unserer heutigen Welt unrealistisch geworden. Stattdessen sollten wir mit bestem Wissen und Gewissen Ökosysteme restaurieren, erhalten und auch modifizieren – etwa durch Neuansiedlung von Arten. Entscheidend ist dabei, die Menschen vor Ort als Partner im Naturschutz miteinzubeziehen, um eine Verbindung zu Land und Wildtieren wiederherzustellen und dadurch langfristig ein Gleichgewicht zu ermöglichen[203].

Aus physiologischer Sicht verdeutlichen die Neuansiedlungen einen wichtigen Punkt: Der derzeitige Lebensraum einer Art ist nicht zwingend der einzig mögliche Lebensraum. Das gilt vor allem für endotherme Tiere wie Säugetiere und Vögel, die flexibler sind in der Habitatwahl, da ihre Leistungsfähigkeit nicht direkt von der Umgebungstemperatur abhängt. Häufig sind Arten aus früheren Lebensräumen durch externe Faktoren verdrängt worden, etwa durch Konkurrenz, Fressfeinde oder Habitatänderung. Sie könnten also theoretisch in einem viel breiter gefächerten Temperaturprofil leben, als sie in ihrem heutigen Habitat ausgesetzt sind.

Für Auswilderungs- und Neuansiedlungsprojekte müssen Tiere erfolgreich in Gefangenschaft gehalten und gezüchtet werden und eventuell an neue Temperatur- oder Nahrungsbedingungen im zukünftigen Gebiet angepasst werden. Die harte Arbeit hinter entsprechenden Programmen habe ich selbst miterlebt. Im Jahr 2001 und 2003 habe ich für einige Wochen in einer Aufzuchtstation für eine bedrohte Beuteltierart ausgeholfen. Der 200 Gramm leichte Streifen-Langnasenbeutler war früher weitverbreitet auf dem australischen Kontinent, doch seit Katze und Fuchs von den Europäern eingeschleppt worden sind, ist er auf dem Festland ausgestorben. Nur auf zwei kleinen Inseln vor der westaustralischen Küste haben noch einige Tiere überlebt. Im Rahmen von Schutzprogrammen, unter anderem im Peron Nationalpark in Westaustralien, werden diese kleinen Beutler gehalten und gezüchtet, um sie dann in geschützten Gebieten wieder auszuwildern. Ein komisches Gefühl ist es, diese zarten Tierchen in ihren Gehegen zu füttern, wissend dass die Zukunft ihrer Art so ungewiss ist. Jeder Fehler im Moment der Fütterung, bei der Umsetzung in neue Gehege, beim Flicken eines Raubtierzauns, bei unternommenen Auswilderungsversuchen könnte theoretisch weitreichende Folgen für ihre Zukunft haben.

DEFAU NATION
Viele vom Aussterben bedrohte Tiere sind phylogenetisch alte Arten. Wie in einem menschlichen Familienstammbaum kann man jede Tierart in Bezug zu allen anderen Tieren setzen. Der Abstand zwischen zwei Arten verrät den Verwandtschaftsgrad, und viele bedrohte Arten sitzen einsam am Ende eines langen, einsamen Stammbaumastes. Mit ihnen geht

nicht »nur« einfach eine Art verloren, sondern ein langes Stück Evolution. Neben dem Verlust an Arten gibt es derzeit eine starke Reduktion von Tierpopulationen, wir sprechen von einer sogenannten Defaunation[204]. Viele Arten stehen vor dem Kollaps in einer Welt, die vom Menschen rasant und drastisch verändert wird und den Begriff Anthropozän als aktuelle Epoche geprägt hat. Als Vergleich haben wir die Aussterbewelle unter der Megafauna am Ende der letzten Eiszeit. Der Verlust an Arten war damals gering im Vergleich zum heutigen Artensterben – dennoch waren die ökologischen Auswirkungen enorm. Das sollte uns eine Warnung sein. Wir können Geschwindigkeit und Intensität von Klimawandel und Artensterben lenken. Die Zeit ist knapp, wenn wir unsere Biodiversität erhalten wollen. Notwendige radikale politische Entscheidungen sind leider zu oft durch Interessenskonflikte verbaut.

Klimawandel und Artensterben werden oft in einem Atemzug genannt. Doch hauptverantwortlich für den Rückgang in Biodiversität sind Rodung, Wilderei, Landwirtschaft und Urbanisierung[205]. Der Klimawandel tritt meist erst ganz am Ende der Aufzählung auf, er spielt für das derzeitige Artensterben eine untergeordnete Rolle. Durch den Habitatverlust werden viele Arten ausgestorben sein, bevor sie von den Folgen des Klimawandels direkt betroffen sind. Selbst wenn wir die optimistischste aller Klimaszenarien umsetzen können, so wird das allein nicht die derzeit bedrohten Arten retten. Nein, dafür braucht es ein schnelles Umdenken in der Landnutzung, einen effektiven Schutz von Habitat und das baldige Ende der illegalen Jagd.

Der Klimawandel macht sich vor allem durch eine Wechselwirkung mit dem Lebensraum bemerkbar. Auch wenn Tiere theoretisch mit Temperaturnischen mitziehen könnten, werden sie in der Praxis aufgrund von menschlich veränderten Landschaftsstrukturen oft davon abgehalten. Selbst wenn die Temperatur stimmt, so muss das neue Habitat ein Mindestmaß an Vernetzung aufweisen, um eine gesunde Population zu unterstützen. Der Klimawandel wird eine immer größere Rolle für das Artensterben spielen, da er die negativen Effekte von Verlust und Fragmentierung des Lebensraums verstärkt.

Und es gibt auch heute schon erste direkte Opfer der Klimakrise. Das erwähnte ausgestorbene australische Nagetier Bramble-Cay-Mosaikschwanzratte lebte auf einer kleinen Insel im Great-Barrier-Reef und erlangte traurige Berühmtheit. Expert:innen nehmen an, dass es das erste Säugetier ist, das als direkte Folge des anthropogenen Klimawandels ausgestorben ist[206]. Da die Insel immer öfter überschwemmt wurde, hatte das Tier seinen Lebensraum verloren.

Klimaveränderungen können Populationen schwächen, beispielsweise durch eine Zunahme von Hitzewellen oder Überschwemmungen. Dadurch werden Tiere empfindlicher gegenüber Stressoren wie Habitat-Degradierung oder Konkurrenz durch Neozoen. Umgekehrt wirkt sich der Zustand des Lebensraums darauf aus, wie effektiv Wildtiere auf den Klimawandel reagieren können. Wanderbewegungen mit Temperaturnischen werden für viele Arten aufgrund menschengemachter Grenzen im Lebensraum unmöglich. Daher wird der Klimawandel vor allem aufgrund seiner Interaktion mit der Landnutzung die derzeitige Dynamik des Artensterbens verändern und verschärfen[207].

Viele Wildtierpopulationen sind aufgrund von anthropogenen Einflüssen eingeschränkt in ihren Möglichkeiten, auf neue Umweltbedingungen angemessen zu reagieren. Sie sind auf kleine Gebiete beschränkt, werden an Verschiebungen gehindert, weisen geringe Dichten auf, sind genetisch verarmt und daher in ihrer Anpassungsfähigkeit eingeschränkt, müssen mit neuer Konkurrenz fertig werden und haben in ihrem Lebensraum ungenügende Mikroklimavielfalt. Diese und viele weitere Faktoren verstärken die Folgen der Klimaveränderungen.

Wir haben an zahlreichen Beispielen gesehen, wie stark schon der Effekt geringer Änderungen der Temperatur sein kann. Gerade in den Extrembereichen wie bei Hitzewellen können wenige Grad Unterschied über das Bestehen oder Erlöschen einer Population entscheiden. Berechnungen zeigen den direkten Einfluss von Treibhausgaskonzentrationen auf etwa die Häufigkeit von Dürreereignissen. Daher wartet der Klimawandel sozusagen um die Ecke als nächster großer Einfluss, um die Resilienz unserer Tierwelt weiter herauszufordern. Und damit auch unsere eigene, denn letztlich sind wir auch nur eine Säugetierart, die auf Umweltveränderungen reagiert und zwingend angewiesen ist auf ausreichend Wasser, gesunde Luft, eine nachhaltige Energiezufuhr, ein angenehmes Mikroklima und einen Lebensraum mit vielfältiger Flora und Fauna.

ZEIT RAUM

Anhand von aktueller wissenschaftlicher Literatur habe ich in diesem Buch verschiedene physiologische und ökologische Aspekte der Anpassung von Wildtieren an den Klimawandel vorgestellt. Den Einfluss von Temperatur auf die Biologie von Tieren haben wir uns an diversen Beispielen wie Possum, Zebrafink, Erdferkel, Elefant, Frosch oder Ameise angesehen. Der Klimawandel fordert Wildtiere unter anderem durch Veränderungen von Umgebungstemperatur, Niederschlag, Wetterextremen, Schneeschmelze und Nahrungsangebot. Diese Faktoren verändern sich entweder in Intensität, Vorkommen oder im zeitlichen Muster. Arten verändern daraufhin ihre Physiologie, ihre Morphologie und ihr Verhalten. Sie erleiden Populationseinbrüche, verschieben oder vergrößern ihre Verbreitungsgebiete, sterben lokal aus, verändern den Zeitpunkt von Zugverhalten oder Fortpflanzung, variieren ihre Nahrungsquelle. Kurzum: Sie passen sich an.

Die Anpassungsfähigkeit von Tieren sollte nicht unterschätzt werden. Gleichzeitig ist wichtig, die weitreichenden Effekte von schon geringen Temperaturveränderungen zu verstehen. Sie betreffen alle möglichen unterschiedlichen Aspekte in einem Tierleben wie Energie- und Wasserhaushalt, Regulation der Körpertemperatur, Verdauung, Wachstum und Fortpflanzung, Umgang mit Umweltgiften oder Krankheitserregern. Wildtiere sind mit einer Kombination von Stressoren konfrontiert. Landtiere müssen sowohl höhere Temperaturen als auch geringere Trinkwasservorkommen tolerieren, Meerestiere haben neben höheren Wassertemperaturen auch mit Versauerung und Sauerstoffmangel zu kämpfen. Zusammen mit Faktoren wie häufigere Wetterextreme, Habitatverlust, Konkurrenz oder genetischer Verarmung bilden sich komplexe Interaktionen, deren Ausgang schwer vorauszusagen ist, zumal als große Unbekannte die Anpassungsfähigkeit der einzelnen Arten eine Rolle spielt. Wenn Tiere Teil eines gesunden Ökosystems sind, dessen Vegetation zur Selbstregeneration fähig ist und das insgesamt resilient gegenüber Störungen ist, dann kann der Kombistress vieler Faktoren abgemildert werden, und Populationen können sich besser von schädlichen Einflüssen erholen.

Der Klimawandel stellt durch seine schwer vorhersagbaren Einflüsse auf Wildtiere und aufgrund seiner verstärkenden Wirkung derzeitiger Artensterbeursachen eine Bedrohung für die biologische Vielfalt dar. Tiere, die sich schnell an rapide ablaufende Umweltveränderungen anpassen können, sind im Vorteil. Spezialisten haben es dagegen schwer. Strategien zum flexiblen Umgang mit Energie- und Wasserengpässen wie Torpor wird mehr Bedeutung zukommen. Physiologischer Spielraum ist bei vielen Arten noch vorhanden, doch um diesen auszuschöpfen, benötigen Tiere ein heterogenes Mikroklima und Platz für Wanderbewegungen. Der Zugang zu Bauten und Nestern, zu Wasserstellen und Schattenplätzen wird zunehmend wichtiger, damit Tiere eine geeignete Umgebungstemperatur aufsuchen können und sich vor Überhitzung schützen können. Denn die unmittelbare Temperatur, der ein Tier ausgesetzt ist, beeinflusst kurzfristig seinen Wasser- und Energiehaushalt und sein Verhalten, was sich langfristig auf seine Überlebenschancen auswirken kann. Ein gesundes Ökosystem gleicht schädliche Einflüsse wie Wetterextreme besser aus und schützt dadurch seine tierischen Bewohner. Populationen müssen groß genug sein, um auf genetischer Ebene auf zusätzliche Stressoren wie Krankheiten und andere rapide Umwelteinflüsse reagieren zu können.

Wildtiere brauchen von uns zwei Dinge: Raum und Zeit. Erstens müssen wir ihnen ausreichend Raum geben, sprich Ökosysteme intakt halten, renaturieren und vernetzen. Nur so können Populationen einen Genpool von ausreichender Größe erhalten. Zweitens müssen wir Tieren durch schnelles Handeln in Klimafragen Zeit gewähren, damit ihre natürliche Anpassungsfähigkeit Schritt halten kann mit den Veränderungen der Umwelt. Die Anpassungsfähigkeit von Tieren in ihrer Physiologie, ihrer Morphologie und in ihrem Verhalten ist faszinierend, vielfältig und unglaublich – jedoch stößt sie irgendwann an ihre Grenzen. Durch Schutzmaßnahmen und Emissionsrückgang müssen wir versuchen, Raum und Zeit für die Tier- und Pflanzenwelt zu gewinnen, damit die Ökosysteme weltweit ein neues Gleichgewicht finden können. Größe und Zustand des Lebensraums, phänotypische Plastizität, Gewicht, Mobilität, Genfluss, Reproduktionszeit, genetische Verarmung – diese Faktoren werden letztlich über den Fortbestand einer Art entscheiden. Es liegt an uns, großräumige Schutzgebiete auszuweisen und die Klimaänderungen zu begrenzen. Auf diese Weise geben wir unseren Wildtieren Raum und Zeit für Anpassungen, wenn das Wetter in Zukunft immer öfter wütend wird.

Trotz der deprimierenden Fakten über Artensterben, Zerstörung von Lebensraum und Klimawandel kann ich persönlich doch Hoffnung schöpfen aus der Resilienz und Anpassungsfähigkeit der Wildtiere. Weltweit fordern Kinder und Jugendliche lautstark eine bessere Klimapolitik, das macht mir ebenso Mut wie die vielen Menschen, die ihre Zeit der Forschung und dem angewandten Umweltschutz verschreiben und sich nicht entmutigen lassen von den schlechten Nachrichten. – Doch jetzt muss ich los, wir wollen nämlich mit unseren Kindern in einem nahegelegenen Naturschutzgebiet nach Pelikanen und Eisvögeln Ausschau halten. Und um der Hitze des Tages zu entgehen, müssen wir dafür früh aufbrechen, denn es soll auch heute wieder tierisch heiß werden.

Danksagung

Für seine Unterstützung danke ich meinem Mann Jamie, dessen Forschung über Hitzewellen mich erst auf die Idee für dieses Buch gebracht hat. Meinen Kindern Matilda und Oscar danke ich für die Ablenkung in den Schreibpausen, die mir immer wieder die nötige Klarsicht verschafft hat. Für das gründliche Korrekturlesen danke ich meinen Eltern Ruth und Heinz und meiner Tante Sanne. Tausend Dank an Kathrin für die wissenschaftliche Durchsicht! Für den Einblick in ihre Forschung danke ich ganz herzlich Andrea, Christine, Katharina, Viktoriia, Sabine Merbach, Zora, Dale, Fritz, Julian und Nigel. Johanna Links und Christian Koth vom Aufbau Verlag danke ich für die freundliche Zusammenarbeit. Daniel Mursa von der Agentur Petra Eggers danke ich dafür, dass er mal wieder alles in die Wege geleitet hat. Meine Geschwister und meine Freunde fern und nah haben mir Mut gemacht für dieses Projekt, danke dafür!

Anmerkungen

Diese Liste beinhaltet alle wissenschaftlichen Artikel und anderen Quellen, auf deren Informationen ich mich im Text beziehe. Sie ist keinesfalls als umfassende Bibliographie zu dieser Thematik zu verstehen. Über Suchmaschinen wie https://scholar.google.de kann für jeden Artikel eine englische Zusammenfassung gefunden werden, und in vielen Fällen kann sogar der ganze Artikel kostenfrei als PDF heruntergeladen werden.

1 Harris, R. M. et al. Biological responses to the press and pulse of climate trends and extreme events. *Nature Climate Change* 8, 579 (2018).
2 Hansen, A. et al. The effect of heat waves on mental health in a temperate Australian city. *Environmental Health Perspectives* 116, 1369–1375 (2008).
3 Meehl, G. A. & Tebaldi, C. More intense, more frequent, and longer lasting heat waves in the 21st century. *Science* 305, 994–997 (2004).
4 Welbergen, J., Booth, C. & Martin, J. Killer climate: tens of thousands of flying foxes dead in a day. *The Conversation* (2014).
5 Ratnayake, H., Kearney, M. R., Govekar, P., Karoly, D. & Welbergen, J. A. Forecasting wildlife die-offs from extreme heat events. *Animal Conservation* 22, 386–395 (2019).
6 Gordon, G., Brown, A. & Pulsford, T. A koala *(Phascolarctos cinereus)* population crash during drought and heatwave conditions in south-western Queensland. *Australian Journal of Ecology* 13, 451–461 (1988).

7. Turner, J. M. Facultative hyperthermia during a heatwave delays injurious dehydration of an arboreal marsupial. *Journal of Experimental Biology* 223 (2020).
8. Moore, B. D. & Foley, W. J. Tree use by koalas in a chemically complex landscape. *Nature* 435, 488–490 (2005).
9. Briscoe, N. J. et al. Tree-hugging koalas demonstrate a novel thermoregulatory mechanism for arboreal mammals. *Biology Letters* 10, 2014-235 (2014).
10. Mahat, D. B., Salamanca, H. H., Duarte, F. M., Danko, C. G. & Lis, J. T. Mammalian heat shock response and mechanisms underlying its genome-wide transcriptional regulation. *Molecular cell* 62, 63–78 (2016).
11. Schmidt-Nielsen, K. *Physiologie der Tiere* (1999).
12. Fuller, A., Maloney, S. K., Blache, D. & Cooper, C. Endocrine and metabolic consequences of climate change for terrestrial mammals. *Current Opinion in Endocrine and Metabolic Research* 11, 9–14 (2020).
13. Cooper, C. E., Withers, P., Hurley, L. & Griffith, S. C. The field metabolic rate, water turnoverand feedingd and drinking behaviour of a small avian desert granivore. *Frontiers in Physiology* 10, 1405 (2019).
14. Sharpe, L., Cale, B. & Gardner, J. L. Weighing the cost: the impact of serial heatwaves on body mass in a small Australian passerine. *Journal of Avian Biology* 50 (2019).
15. Saunders, D. A., Mawson, P. & Dawson, R. The impact of two extreme weather events and other causes of death on Carnaby's black cockatoo: a promise of things to come for a threatened species? *Pacific Conservation Biology* 17, 141–148 (2011).
16. McKechnie, A. E. & Wolf, B. O. Climate change increases the likelihood of catastrophic avian mortality events during extreme heat waves. *Biology Letters* 6, 253–256 (2010).
17. Oliver, E. C. et al. Longer and more frequent marine heatwaves over the past century. *Nature Communications* 9, 1–12 (2018).
18. Frölicher, T. L. & Laufkötter, C. Emerging risks from marine heat waves. *Nature Communications* 9, 650 (2018).
19. Piatt, J. F. et al. Extreme mortality and reproductive failure of common murres resulting from the northeast Pacific marine heatwave of 2014–2016. *PloS One* 15, e0226087 (2020).
20. Reid, A. J. & Cooke, S. Freshwater wildlife face an uncertain future. *The Conversation* (2019).
21. Tickner, D. et al. Bending the curve of global freshwater biodiversity loss: an emergency recovery plan. *Bioscience* 70, 330–342 (2020).

22 Jankowski, T., Livingstone, D. M., Bührer, H., Forster, R. & Niederhauser, P. Consequences of the 2003 European heat wave for lake temperature profiles, thermal stability, and hypolimnetic oxygen depletion: Implications for a warmer world. *Limnology and Oceanography* 51, 815–819 (2006).

23 Mouthon, J. & Daufresne, M. Effects of the 2003 heatwave and climatic warming on mollusc communities of the Saône: a large lowland river and of its two main tributaries (France). *Global Change Biology* 12, 441–449 (2006).

24 Dittmar, J., Janssen, H., Kuske, A., Kurtz, J. & Scharsack, J. P. Heat and immunity: an experimental heat wave alters immune functions in three-spined sticklebacks (*Gasterosteus aculeatus*). *Journal of Animal Ecology* 83, 744–757 (2014).

25 Ruthrof, K. X. et al. Subcontinental heat wave triggers terrestrial and marine, multi-taxa responses. *Scientific Reports* 8, 1–9 (2018).

26 Schär, C. et al. The role of increasing temperature variability in European summer heatwaves. *Nature* 427, 332–336 (2004).

27 Mitchell, D. et al. Attributing human mortality during extreme heat waves to anthropogenic climate change. *Environmental Research Letters* 11, 074006 (2016).

28 Mora, C., Counsell, C. W., Bielecki, C. R. & Louis, L. V. Twenty-seven ways a heat wave can kill you: deadly heat in the era of climate change. *Circulation: Cardiovascular Quality and Outcomes* 10, e004233 (2017).

29 Coffel, E. D., Horton, R. M. & de Sherbinin, A. Temperature and humidity based projections of a rapid rise in global heat stress exposure during the 21st century. *Environmental Research Letters* 13, 014001 (2017).

30 Robinson, N. M. et al. Refuges for fauna in fire-prone landscapes: their ecological function and importance. *Journal of Applied Ecology* 50, 1321–1329 (2013).

31 Watson, S. et al. The influence of unburnt patches and distance from refuges on post-fire bird communities. *Animal Conservation* 15, 499–507 (2012).

32 Smucker, K. M., Hutto, R. L. & Steele, B. M. Changes in bird abundance after wildfire: importance of fire severity and time since fire. *Ecological Applications* 15, 1535–1549 (2005).

33 Cui, X. et al. Shoot flammability of vascular plants is phylogenetically conserved and related to habitat fire-proneness and growth form. *Nature Plants* 6, 355–359 (2020).

34 Davidson, E. A. et al. The Amazon basin in transition. *Nature* 481, 321–328 (2012).

35 Diffenbaugh, N. S. & Field, C. B. Changes in ecologically critical terrestrial climate conditions. *Science* 341, 486–492 (2013).

36 Woinarski, J., Nimmo, D. G., Gallagher, R. & Legge, S. After the bushfires, we helped choose the animals and plants in most need. Here's how we did it. *The Conversation* (2020).

37 Hosking, C. Stopping koala extinction is agonisingly simple. But here's why I'm not optimistic. *The Conversation* (2020).

38 Avitabile, S. C., Nimmo, D. G., Bennett, A. F. & Clarke, M. F. Termites are resistant to the effects of fire at multiple spatial scales. *PLoS One* 10, e0140114 (2015).

39 Shimmin, G. A., Skinner, J. & Baudinette, R. V. The warren architecture and environment of the southern hairy-nosed wombat *(Lasiorhinus latifrons). Journal of Zoology* 258, 469–477 (2002).

40 Nimmo, D. G. Tales of wombat ›heroes‹ have gone viral. Unfortunately, they're not true. *The Conversation* (2020).

41 Garvey, N., Ben-Ami, D., Ramp, D. & Croft, D. B. Survival behaviour of swamp wallabies during prescribed burning and wildfire. *Wildlife Research* 37, 1-12 (2010).

42 Woolley, L.-A. et al. Population and individual elephant response to a catastrophic fire in Pilanesberg National Park. *PLoS One* 3, e3233 (2008).

43 Grafe, T. U., Doebler, S. & Linsenmair, K. E. Frogs flee from the sound of fire. *Proceedings of the Royal Society B* 269, 999–1003 (2002).

44 Schmitz, H. & Bousack, H. Modelling a historic oil-tank fire allows an estimation of the sensitivity of the infrared receptors in pyrophilous Melanophila beetles. *PLoS One* 7, e37627 (2012).

45 Banks, S. C., McBurney, L., Blair, D., Davies, I. D. & Lindenmayer, D. B. Where do animals come from during post-fire population recovery? Implications for ecological and genetic patterns in post-fire landscapes. *Ecography* 40, 1325–1338 (2017).

46 Nimmo, D. G. et al. Predicting the century-long post-fire responses of reptiles. *Global Ecology and Biogeography* 21, 1062–1073 (2012).

47 Hale, S. et al. Fire and climatic extremes shape mammal distributions in a fire-prone landscape. *Diversity and Distributions* 22, 1127–1138 (2016).

48 Payne, C. J., Ritchie, E. G., Kelly, L. T. & Nimmo, D. G. Does fire influence the landscape-scale distribution of an invasive mesopredator? *PLoS One* 9, e107862 (2014).

49 McGregor, H. W., Legge, S., Jones, M. E. & Johnson, C. N. Extraterritorial hunting expeditions to intense fire scars by feral cats. *Scientific Reports* 6, 22559 (2016).

50 Hovick, T. J., McGranahan, D. A., Elmore, R. D., Weir, J. R. & Fuhlendorf, S. D. Pyric-carnivory: Raptor use of prescribed fires. *Ecology and Evolution* 7, 9144–9150 (2017).

51 Bonta, M. et al. Intentional fire-spreading by »Firehawk« raptors in Northern Australia. *Journal of Ethnobiology* 37, 700-718 (2017).

52 Bird, R. B. et al. Aboriginal burning promotes fine-scale pyrodiversity and native predators in Australia's Western Desert. *Biological Conservation* 219, 110–118 (2018).

53 Bowman, D. & Lehman, G. Australia, you have unfinished business. It's time to let our ›fire people‹ care for this land. *The Conversation* (2020).

54 Durigan, G. & Ratter, J. A. The need for a consistent fire policy for Cerrado conservation. *Journal of Applied Ecology* 53, 11–15 (2016).

55 Zebisch, M. et al. Climate change in Germany. Vulnerability and adaption of climate sensitive sectors (Umweltbundesamt, 2005).

56 Ruf, T. & Geiser, F. Daily torpor and hibernation in birds and mammals. *Biological Reviews* 90, 891–926 (2015).

57 Hiebert, S. M. Seasonal changes in body mass and use of torpor in a migratory hummingbird. *The Auk* 110, 787–797 (1993).

58 Warnecke, L. & Geiser, F. Basking behaviour and torpor use in free-ranging *Planigale gilesi*. *Australian Journal of Zoology* 57, 373–375 (2009).

59 Warnecke, L., Turner, J. M. & Geiser, F. Torpor and basking in a small arid zone marsupial. *Naturwissenschaften* 95, 73–78 (2008).

60 Bush, S. E. & Clayton, D. H. Anti-parasite behaviour of birds. *Philosophical Transactions of the Royal Society B* 373, 20170196 (2018).

61 Dausmann, K. H. & Warnecke, L. Primate torpor expression: ghost of the climatic past. *Physiology* 31, 398–408 (2016).

62 Geiser, F., Stawski, C., Doty, A. C., Cooper, C. E. & Nowack, J. A burning question: what are the risks and benefits of mammalian torpor during and after fires? *Conservation Physiology* 6, coy057 (2018).

63 Doty, A. C., Currie, S. E., Stawski, C. & Geiser, F. Can bats sense smoke during deep torpor? *Physiology & Behavior* 185, 31–38 (2018).

64 Geiser, F. Seasonal expression of avian and mammalian daily torpor and hibernation: not a simple summer-winter affair. *Frontiers in Physiology* 11 (2020).

65 Dausmann, K. H., Glos, J., Ganzhorn, J. U. & Heldmaier, G. Physiology: Hibernation in a tropical primate. *Nature* 429, 825–826 (2004).

66 Barak, O., Geiser, F. & Kronfeld-Schor, N. Flood-induced multiday torpor in golden spiny mice *(Acomys russatus)*. *Australian Journal of Zoology* 66, 401–405 (2020).

67 Warnecke, L. & Geiser, F. The energetics of basking behaviour and torpor in a small marsupial exposed to simulated natural conditions. *J Comp Physiol B* 180, 437–445 (2010).
68 Geiser, F. et al. Basking hamsters reduce resting metabolism, body temperature and energy costs during rewarming from torpor. *Journal of Experimental Biology* 219, 2166–2172 (2016).
69 Signer, C., Ruf, T. & Arnold, W. Hypometabolism and basking: the strategies of Alpine ibex to endure harsh over-wintering conditions. *Functional Ecology* 25, 537–547 (2011).
70 Kerth, G., Weissmann, K. & König, B. Day roost selection in female Bechstein's bats *(Myotis bechsteinii)*: a field experiment to determine the influence of roost temperature. *Oecologia* 126, 1–9 (2001).
71 Huertas, D. L. & Diaz, J. A. Winter habitat selection by a montane forest bird assemblage: the effects of solar radiation. *Canadian Journal of Zoology* 79, 279–284 (2001).
72 Geiser, F., Goodship, N. & Pavey, C. R. Was basking important in the evolution of mammalian endothermy? *Naturwissenschaften* 89, 412-414 (2002).
73 Collins, G. S. et al. A steeply-inclined trajectory for the Chicxulub impact. *Nature Communications* 11, 1-10 (2020).
74 Lovegrove, B. G., Lobban, K. D. & Levesque, D. L. Mammal survival at the Cretaceous–Palaeogene boundary: metabolic homeostasis in prolonged tropical hibernation in tenrecs. *Proceedings of the Royal Society B* 281, 20141304 (2014).
75 Geiser, F. & Turbill, C. Hibernation and daily torpor minimize mammalian extinctions. *Naturwissenschaften* 96, 1235–1240 (2009).
76 Cordes, L. S. et al. Contrasting effects of climate change on seasonal survival of a hibernating mammal. *Proceedings of the National Academy of Sciences* 117, 18119-18126 (2020).
77 Williams, C. T. et al. Sex-dependent phenological plasticity in an arctic hibernator. *The American Naturalist* 190, 854–859 (2017).
78 Degen, A. A. *Ecophysiology of small desert mammals* (1997).
79 Withers, P. C., Cooper, C. E., Maloney, S. K., Bozinovic, F. & Cruz-Neto, A. P. *Ecological and environmental physiology of mammals* (2016).
80 Van de Ven, T. M., Fuller, A. & Clutton-Brock, T. H. Effects of climate change on pup growth and survival in a cooperative mammal, the meerkat. *Functional Ecology* 34, 194–202 (2020).
81 Rey, B., Fuller, A., Mitchell, D., Meyer, L. C. & Hetem, R. S. Drought-induced starvation of aardvarks in the Kalahari: an indirect effect of climate change. *Biology Letters* 13, 20170301 (2017).

82. Weyer, N. M. et al. Increased diurnal activity is indicative of energy deficit in a nocturnal mammal, the aardvark. *Frontiers in Physiology* 11, 637 (2020).
83. Whittington-Jones, G., Bernard, R. T. & Parker, D. M. Aardvark burrows: a potential resource for animals in arid and semi-arid environments. *African Zoology* 46, 362–370 (2011).
84. Mitchell, D. et al. Adaptive heterothermy and selective brain cooling in arid-zone mammals. *Comparative Biochemistry and Physiology Part B: Biochemistry and Molecular Biology* 131, 571–585 (2002).
85. Strauss, W. M. et al. Body water conservation through selective brain cooling by the carotid rete: a physiological feature for surviving climate change? *Conservation Physiology* 5 (2017).
86. Warnecke, L., Withers, P. C., Schleucher, E. & Maloney, S. K. Body temperature variation in free-ranging and captive southern brown bandicoot *Isoodon obesulus* (Marsupialia: Peramelidae). *Journal of Thermal Biology* 32, 72–77 (2007).
87. Fuller, A. et al. A year in the thermal life of a free-ranging herd of springbok *Antidorcas marsupialis*. *Journal of Experimental Biology* 208, 2855–2864 (2005).
88. Mole, M. A., DÁraujo, S. R., van Aarde, R. J., Mitchell, D. & Fuller, A. Savanna elephants maintain homeothermy under African heat. *J Comp Physiol B* 188, 889–897 (2018).
89. Schraft, H. A., Whelan, S. & Elliott, K. H. Huffin'and puffin: seabirds use large bills to dissipate heat from energetically demanding flight. *Journal of Experimental Biology* 222 (2019).
90. Maloney, S., Moss, G. & Mitchell, D. Orientation to solar radiation in black wildebeest (*Connochaetes gnou*). *Journal of Comparative Physiology A* 191, 1065–1077 (2005).
91. Hetem, R. S. et al. Cheetah do not abandon hunts because they overheat. *Biology Letters* 9, 20130472 (2013).
92. West, P. M. & Packer, C. Sexual selection, temperature, and the lion's mane. *Science* 297, 1339–1343 (2002).
93. Fuller, A. & Mitchell, D. So you think investing in fever screening can curb the spread of COVID-19? Think again. *The Conversation* (2020).
94. Haw, A. Taking thermal physiology to where the wild things are. *Temperature* 3, 16–19 (2016).
95. Trethowan, P. et al. Getting to the core: Internal body temperatures help reveal the ecological function and thermal implications of the lions' mane. *Ecology and Evolution* 7, 253–262 (2017).

96 Trethowan, P. D. et al. Improved homeothermy and hypothermia in African lions during gestation. *Biology Letters* 12, 20160645 (2016).

97 Burgin, C. J., Colella, J. P., Kahn, P. L. & Upham, N. S. How many species of mammals are there? *Journal of Mammalogy* 99, 1–14 (2018).

98 Oliver, I., Dorrough, J., Doherty, H. & Andrew, N. R. Additive and synergistic effects of land cover, land use and climate on insect biodiversity. *Landscape Ecology* 31, 2415–2431 (2016).

99 Andrew, N. R., Hart, R. A., Jung, M.-P., Hemmings, Z. & Terblanche, J. S. Can temperate insects take the heat? A case study of the physiological and behavioural responses in a common ant, *Iridomyrmex purpureus* (Formicidae), with potential climate change. *Journal of Insect Physiology* 59, 870–880 (2013).

100 Kronfeld-Schor, N. et al. Retinal structure and foraging microhabitat use of the golden spiny mouse (*Acomys russatus*). *Journal of Mammalogy* 82, 1016–1025 (2001).

101 Walker, W. H., Meléndez-Fernández, O. H., Nelson, R. J. & Reiter, R. J. Global climate change and invariable photoperiods: A mismatch that jeopardizes animal fitness. *Ecology and Evolution* 9, 10044–10054 (2019).

102 Pincebourde, S. & Casas, J. Narrow safety margin in the phyllosphere during thermal extremes. *Proceedings of the National Academy of Sciences* 116, 5588–5596 (2019).

103 Diamond, S. E., Chick, L. D., Perez, A., Strickler, S. A. & Zhao, C. Evolution of plasticity in the city: urban acorn ants can better tolerate more rapid increases in environmental temperature. *Conservation Physiology* 6, coy030 (2018).

104 Lema, S. C., Bock, S. L., Malley, M. M. & Elkins, E. A. Warming waters beget smaller fish: evidence for reduced size and altered morphology in a desert fish following anthropogenic temperature change. *Biology Letters* 15, 20190518 (2019).

105 Andrew, N. R. & Hughes, L. Potential host colonization by insect herbivores in a warmer climate: a transplant experiment. *Global Change Biology* 13, 1539–1549 (2007).

106 Dacke, M., Baird, E., Byrne, M., Scholtz, C. H. & Warrant, E. J. Dung beetles use the Milky Way for orientation. *Current Biology* 23, 298–300 (2013).

107 Foster, J. J. et al. Stellar performance: mechanisms underlying Milky Way orientation in dung beetles. *Philosophical Transactions of the Royal Society B* 372, 20160079 (2017).

108 Warnecke, L. et al. Inoculation of bats with European *Geomyces destructans* supports the novel pathogen hypothesis for the origin of white-nose syndrome. *Proceedings of the National Academy of Sciences* 109, 6999–7003 (2012).

109. Boyles, J. G., Cryan, P. M., McCracken, G. F. & Kunz, T. H. Economic importance of bats in agriculture. *Science* 332, 41–42 (2011).
110. Kleijn, D. et al. Delivery of crop pollination services is an insufficient argument for wild pollinator conservation. *Nature Communications* 6, 1–9 (2015).
111. Radchuk, V., Turlure, C. & Schtickzelle, N. Each life stage matters: the importance of assessing the response to climate change over the complete life cycle in butterflies. *Journal of Animal Ecology* 82, 275–285 (2013).
112. Sánchez-Bayo, F. & Wyckhuys, K. A. Worldwide decline of the entomofauna: A review of its drivers. *Biological Conservation* 232, 8–27 (2019).
113. Hallmann, C. A. et al. More than 75 percent decline over 27 years in total flying insect biomass in protected areas. *PloS One* 12, e0185809 (2017).
114. Harris, J. E., Rodenhouse, N. L. & Holmes, R. T. Decline in beetle abundance and diversity in an intact temperate forest linked to climate warming. *Biological Conservation* 240, 108219 (2019).
115. Welti, E. A., Roeder, K. A., de Beurs, K. M., Joern, A. & Kaspari, M. Nutrient dilution and climate cycles underlie declines in a dominant insect herbivore. *Proceedings of the National Academy of Sciences* 117, 7271–7275 (2020).
116. Suggitt, A. J. et al. Extinction risk from climate change is reduced by microclimatic buffering. *Nature Climate Change* 8, 713-717 (2018).
117. Ruthsatz, K. et al. Altered thyroid hormone levels affect the capacity for temperature-induced developmental plasticity in larvae of *Rana temporaria* and *Xenopus laevis*. *Journal of Thermal Biology*, 102599 (2020).
118. Cohen, J. M., Civitello, D. J., Venesky, M. D., McMahon, T. A. & Rohr, J. R. An interaction between climate change and infectious disease drove widespread amphibian declines. *Global Change Biology* 25, 927–937 (2019).
119. Oehlmann, J. et al. Bisphenol A induces superfeminization in the ramshorn snail (Gastropoda: Prosobranchia) at environmentally relevant concentrations. *Environmental Health Perspectives* 114, 127–133 (2006).
120. Stanford, C. B. et al. Turtles and tortoises are in trouble. *Current Biology* 30, R721–R735 (2020).
121. Wilcox, C., Puckridge, M., Schuyler, Q. A., Townsend, K. & Hardesty, B. D. A quantitative analysis linking sea turtle mortality and plastic debris ingestion. *Scientific Reports* 8, 1–11 (2018).
122. Sanz-Martín, M. et al. Flawed citation practices facilitate the unsubstantiated perception of a global trend toward increased jellyfish blooms. *Global Ecology and Biogeography* 25, 1039–1049 (2016).
123. Pitt, K. A., Lucas, C. H., Condon, R. H., Duarte, C. M. & Stewart-Koster, B. Claims that anthropogenic stressors facilitate jellyfish blooms have

been amplified beyond the available evidence: a systematic review. *Frontiers in Marine Science* 5, 451 (2018).

124 Condon, R. H. et al. Recurrent jellyfish blooms are a consequence of global oscillations. *Proceedings of the National Academy of Sciences* 110, 1000–1005 (2013).

125 Pörtner, H. O. & Knust, R. Climate change affects marine fishes through the oxygen limitation of thermal tolerance. *Science* 315, 95–97 (2007).

126 Zittier, Z. M., Bock, C., Lannig, G. & Pörtner, H. O. Impact of ocean acidification on thermal tolerance and acid–base regulation of *Mytilus edulis* (L.) from the North Sea. *Journal of Experimental Marine Biology and Ecology* 473, 16–25 (2015).

127 Schindler, D. W., Curtis, P. J., Parker, B. R. & Stainton, M. P. Consequences of climate warming and lake acidification for UV-B penetration in North American boreal lakes. *Nature* 379, 705–708 (1996).

128 Mooij, W. M. et al. The impact of climate change on lakes in the Netherlands: a review. *Aquatic Ecology* 39, 381–400 (2005).

129 Simpson, S. D. et al. Ocean acidification erodes crucial auditory behaviour in a marine fish. *Biology Letters* 7, 917–920 (2011).

130 Pinsky, M. L., Eikeset, A. M., McCauley, D. J., Payne, J. L. & Sunday, J. M. Greater vulnerability to warming of marine versus terrestrial ectotherms. *Nature* 569, 108–111 (2019).

131 Chmielewski, F.-M., Blümel, K., Scherbaum-Heberer, C., Koppmann-Rumpf, B. & Schmidt, K.-H. A model approach to project the start of egg laying of Great Tit (*Parus major*) in response to climate change. *Int J Biometeorol* 57, 287–297 (2013).

132 Visser, M. E. et al. Variable responses to large-scale climate change in European Parus populations. *Proceedings of the Royal Society B* 270, 367–372 (2003).

133 Matthysen, E., Adriaensen, F. & Dhondt, A. A. Multiple responses to increasing spring temperatures in the breeding cycle of blue and great tits (*Cyanistes caeruleus, Parus major*). *Global Change Biology* 17, 1–16 (2011).

134 Stevenson, I. R. & Bryant, D. M. Climate change and constraints on breeding. *Nature* 406, 366–367 (2000).

135 Samplonius, J. M. & Both, C. Climate change may affect fatal competition between two bird species. *Current Biology* 29, 327–331. e322 (2019).

136 Both, C., Bouwhuis, S., Lessells, C. & Visser, M. E. Climate change and population declines in a long-distance migratory bird. *Nature* 441, 81–83 (2006).

137 Merbach, S., Peters, M., Kilwinski, J. & Reckling, D. *Suttonella ornithocola*-associated mortality in tits in Germany. *Berliner und Münchener Tierärztliche Wochenschrift* 132, 459–463 (2019).

138 Lawson, B. et al. The emergence and spread of finch trichomonosis in the British Isles. *Philosophical Transactions of the Royal Society B* 367, 2852–2863 (2012).
139 Lühken, R. et al. Distribution of Usutu virus in Germany and its effect on breeding bird populations. *Emerging Infectious Diseases* 23, 1994 (2017).
140 Bailly, J. et al. From eggs to fledging: negative impact of urban habitat on reproduction in two tit species. *Journal of Ornithology* 157, 377–392 (2016).
141 de Satgé, J. et al. Urbanisation lowers great tit *Parus major* breeding success at multiple spatial scales. *Journal of Avian Biology* 50 (2019).
142 Pavisse, R., Vangeluwe, D. & Clergeau, P. Domestic cat predation on garden birds: An analysis from European ringing programmes. *Ardea* 107, 103–109 (2019).
143 Woods, M., McDonald, R. A. & Harris, S. Domestic cat predation on wildlife. *Mammal Review* 33, 174–188 (2003).
144 Galbraith, J. A., Jones, D. N., Beggs, J. R., Parry, K. & Stanley, M. C. Urban bird feeders dominated by a few species and individuals. *Frontiers in Ecology and Evolution* 5, 81 (2017).
145 Plummer, K., Bearhop, S., Leech, D., Chamberlain, D. & Blount, J. Winter food provisioning reduces future breeding performance in a wild bird. *Scientific Reports* 3, 1–6 (2013).
146 Suárez-Rodríguez, M., López-Rull, I. & Macias Garcia, C. Incorporation of cigarette butts into nests reduces nest ectoparasite load in urban birds: new ingredients for an old recipe? *Biology Letters* 9, 20120931 (2013).
147 Nemeth, E. & Brumm, H. Blackbirds sing higher-pitched songs in cities: adaptation to habitat acoustics or side-effect of urbanization? *Animal Behaviour* 78, 637–641 (2009).
148 Slabbekoorn, H. & den Boer-Visser, A. Cities change the songs of birds. *Current Biology* 16, 2326–2331 (2006).
149 Hallmann, C. A., Foppen, R. P., van Turnhout, C. A., de Kroon, H. & Jongejans, E. Declines in insectivorous birds are associated with high neonicotinoid concentrations. *Nature* 511, 341–343 (2014).
150 Jacob, D., Göttel, H., Kotlarski, S., Lorenz, P. & Sieck, K. Klimaauswirkungen und Anpassung in Deutschland – Phase 1: Erstellung regionaler Klimaszenarien für Deutschland (Umweltbundesamt, 2008).
151 Hari, V., Rakovec, O., Markonis, Y., Hanel, M. & Kumar, R. Increased future occurrences of the exceptional 2018–2019 Central European drought under global warming. *Scientific Reports* 10, 1-10 (2020).
152 Brunner, M. I. & Tallaksen, L. M. Proneness of European catchments to multiyear streamflow droughts. *Water Resources Research* 55, 8881–8894 (2019).

153 Bowler, D. E. et al. A cross-taxon analysis of the impact of climate change on abundance trends in central Europe. *Biological Conservation* 187, 41–50 (2015).

154 Parmesan, C. et al. Poleward shifts in geographical ranges of butterfly species associated with regional warming. *Nature* 399, 579–583 (1999).

155 Thomas, C. D. & Lennon, J. J. Birds extend their ranges northwards. *Nature* 399, 213 (1999).

156 Parmesan, C. & Yohe, G. A globally coherent fingerprint of climate change impacts across natural systems. *Nature* 421, 37–42 (2003).

157 Devictor, V., Julliard, R., Couvet, D. & Jiguet, F. Birds are tracking climate warming, but not fast enough. *Proceedings of the Royal Society B* 275, 2743–2748 (2008).

158 Radchuk, V. et al. Adaptive responses of animals to climate change are most likely insufficient. *Nature Communications* 10, 1–14 (2019).

159 Phillimore, A. B., Leech, D. I., Pearce-Higgins, J. W. & Hadfield, J. D. Passerines may be sufficiently plastic to track temperature-mediated shifts in optimum lay date. *Global Change Biology* 22, 3259–3272 (2016).

160 Milanovich, J. R., Peterman, W. E., Nibbelink, N. P. & Maerz, J. C. Projected loss of a salamander diversity hotspot as a consequence of projected global climate change. *PloS One* 5, e12189 (2010).

161 Riddell, E. A., Odom, J. P., Damm, J. D. & Sears, M. W. Plasticity reveals hidden resistance to extinction under climate change in the global hotspot of salamander diversity. *Science Advances* 4, eaar5471 (2018).

162 Seebacher, F. & Post, E. Climate change impacts on animal migration. *Climate Change Responses* 2, 5 (2015).

163 Seidl, R., Schelhaas, M. J. & Lexer, M. J. Unraveling the drivers of intensifying forest disturbance regimes in Europe. *Global Change Biology* 17, 2842 bis 2852 (2011).

164 Haddad, N. M. et al. Habitat fragmentation and its lasting impact on Earth's ecosystems. *Science Advances* 1, e1500052 (2015).

165 Musavi, T. et al. Stand age and species richness dampen interannual variation of ecosystem-level photosynthetic capacity. *Nature Ecology & Evolution* 1, 0048 (2017).

166 Brown, A. R. et al. Genetic variation, inbreeding and chemical exposure – combined effects in wildlife and critical considerations for ecotoxicology. *Philosophical Transactions of the Royal Society B* 364, 3377–3390 (2009).

167 Rymer, T. L., Pillay, N. & Schradin, C. Resilience to droughts in mammals: a conceptual framework for estimating vulnerability of a single species. *The Quarterly Review of Biology* 91, 133–176 (2016).

168 Mitchell, D. et al. Revisiting concepts of thermal physiology: predicting responses of mammals to climate change. *Journal of Animal Ecology* 87, 956–973 (2018).

169 Sears, M. W., Raskin, E. & Angilletta Jr, M. J. The world is not flat: defining relevant thermal landscapes in the context of climate change. *Integrative and Comparative Biology* 51, 666–675 (2011).

170 Sutherland, W. J., Pullin, A. S., Dolman, P. M. & Knight, T. M. The need for evidence-based conservation. *Trends in Ecology and Evolution* 19, 305–308 (2004).

171 Seebacher, F. & Franklin, C. E. Determining environmental causes of biological effects: the need for a mechanistic physiological dimension in conservation biology. *Philosophical Transactions of the Royal Society B* 367, 1607 bis 1614, doi:10.1098/rstb.2012.0036 (2012).

172 Cooke, S. J. & O'Connor, C. M. Making conservation physiology relevant to policy makers and conservation practitioners. *Conservation Letters* 3, 159 bis 166 (2010).

173 Stirling, I. *Polar bears: the natural history of an endangered species* (2011).

174 Liu, S. et al. Population genomics reveal recent speciation and rapid evolutionary adaptation in polar bears. *Cell* 157, 785–794 (2014).

175 Rinker, D. C., Specian, N. K., Zhao, S. & Gibbons, J. G. Polar bear evolution is marked by rapid changes in gene copy number in response to dietary shift. *Proceedings of the National Academy of Sciences* 116, 13446–13451 (2019).

176 Regehr, E. V. et al. Conservation status of polar bears (*Ursus maritimus*) in relation to projected sea-ice declines. *Biology Letters* 12, 20160556 (2016).

177 Prop, J. et al. Climate change and the increasing impact of polar bears on bird populations. *Frontiers in Ecology and Evolution* 3, 33 (2015).

178 Cardillo, M. et al. Multiple causes of high extinction risk in large mammal species. *Science* 309, 1239–1241 (2005).

179 Fuller, A., Mitchell, D., Maloney, S. K. & Hetem, R. S. Towards a mechanistic understanding of the responses of large terrestrial mammals to heat and aridity associated with climate change. *Climate Change Responses* 3, 1–19 (2016).

180 Westaway, M. C., Olley, J. & Grün, R. At least 17,000 years of coexistence: Modern humans and megafauna at the Willandra Lakes, South-Eastern Australia. *Quaternary Science Reviews* 157, 206–211 (2017).

181 Seersholm, F. V. et al. Rapid range shifts and megafaunal extinctions associated with late Pleistocene climate change. *Nature Communications* 11, 1–10 (2020).

182 Saltré, F. et al. Climate-human interaction associated with southeast Australian megafauna extinction patterns. *Nature Communications* 10, 1–9 (2019).
183 Ripple, W. J. et al. Collapse of the world's largest herbivores. *Science Advances* 1, e1400103 (2015).
184 Thornton, P. K., van de Steeg, J., Notenbaert, A. & Herrero, M. The impacts of climate change on livestock and livestock systems in developing countries: A review of what we know and what we need to know. *Agricultural Systems* 101, 113–127 (2009).
185 Westhoek, H. et al. Food choices, health and environment: Effects of cutting Europe's meat and dairy intake. *Global Environmental Change* 26, 196–205 (2014).
186 Wittemyer, G. et al. Illegal killing for ivory drives global decline in African elephants. *Proceedings of the National Academy of Sciences* 111, 13117–13121 (2014).
187 Roca, A. L., Georgiadis, N., Pecon-Slattery, J. & O'Brien, S. J. Genetic evidence for two species of elephant in Africa. *Science* 293, 1473–1477 (2001).
188 Poulsen, J. R. et al. Poaching empties critical Central African wilderness of forest elephants. *Current Biology* 27, R134–R135 (2017).
189 Brand, C. M. et al. Abundance, density, and social structure of African forest elephants (*Loxodonta cyclotis*) in a human-modified landscape in southwestern Gabon. *PloS One* 15, e0231832 (2020).
190 Menon, V. & Tiwari, S. K. Population status of Asian elephants *Elephas maximus* and key threats. *International Zoo Yearbook* 53, 17–30 (2019).
191 Biggs, D., Courchamp, F., Martin, R. & Possingham, H. P. Legal trade of Africa's rhino horns. *Science* 339, 1038–1039 (2013).
192 Ganzhorn, J. U. et al. Rights to trade for species conservation: exploring the issue of the radiated tortoise in Madagascar. *Environmental Conservation* 42, 291 (2015).
193 Ganzhorn, J. U., Lowry, P. P., Schatz, G. E. & Sommer, S. The biodiversity of Madagascar: one of the world's hottest hotspots on its way out. *Oryx* 35, 346–348 (2001).
194 Cardillo, M., Mace, G. M., Gittleman, J. L. & Purvis, A. Latent extinction risk and the future battlegrounds of mammal conservation. *Proceedings of the National Academy of Sciences* 103, 4157–4161 (2006).
195 Geyle, H. M. et al. Quantifying extinction risk and forecasting the number of impending Australian bird and mammal extinctions. *Pacific Conservation Biology* 24, 157–167 (2018).
196 Woinarski, J. C., Garnett, S. T., Legge, S. M. & Lindenmayer, D. B. The contribution of policy, law, management, research, and advocacy failings

to the recent extinctions of three Australian vertebrate species. *Conservation Biology* 31, 13–23 (2017).

197 Wake, D. B. & Vredenburg, V. T. Are we in the midst of the sixth mass extinction? A view from the world of amphibians. *Proceedings of the National Academy of Sciences* 105, 11466–11473, doi:10.1073/pnas.0801921105 (2008).

198 Ceballos, G. et al. Accelerated modern human–induced species losses: Entering the sixth mass extinction. *Science Advances* 1, e1400253 (2015).

199 Ceballos, G., Ehrlich, P. R. & Raven, P. H. Vertebrates on the brink as indicators of biological annihilation and the sixth mass extinction. *Proceedings of the National Academy of Sciences* (2020).

200 Surov, A., Banaszek, A., Bogomolov, P., Feoktistova, N. & Monecke, S. Dramatic global decrease in the range and reproduction rate of the European hamster *Cricetus cricetus*. *Endangered Species Research* 31, 119–145 (2016).

201 La Haye, M., Swinnen, K., Kuiters, A., Leirs, H. & Siepel, H. Modelling population dynamics of the Common hamster (*Cricetus cricetus*): Timing of harvest as a critical aspect in the conservation of a highly endangered rodent. *Biological Conservation* 180, 53–61 (2014).

202 Archer, M. et al. The Burramys Project: a conservationist's reach should exceed history's grasp, or what is the fossil record for? *Philosophical Transactions of the Royal Society B* 374, 20190221 (2019).

203 Seddon, P. J., Griffiths, C. J., Soorae, P. S. & Armstrong, D. P. Reversing defaunation: restoring species in a changing world. *Science* 345, 406–412 (2014).

204 Dirzo, R. et al. Defaunation in the Anthropocene. *Science* 345, 401–406 (2014).

205 Maxwell, S. L., Fuller, R. A., Brooks, T. M. & Watson, J. E. Biodiversity: The ravages of guns, nets and bulldozers. *Nature News* 536, 143 (2016).

206 Waller, N. L., Gynther, I. C., Freeman, A. B., Lavery, T. H. & Leung, L. K.-P. The Bramble Cay melomys *Melomys rubicola* (Rodentia: Muridae): a first mammalian extinction caused by human-induced climate change? *Wildlife Research* 44, 9–21 (2017).

207 Mantyka-Pringle, C. S., Martin, T. G. & Rhodes, J. R. Interactions between climate and habitat loss effects on biodiversity: a systematic review and meta-analysis. *Global Change Biology* 18, 1239–1252 (2012).

Register der erwähnten Tiere

(Die Seitenzahlen verweisen auf die jeweilige Erstnennung.)

Säugetiere

Afrikanischer Elefant (*Loxodonta africana*) 58
Afrikanischer Esel (*Equus africanus*) 190
Ägyptische Stachelmaus (*Acomys cahirinus*) 128
Ameisenigel, Schnabeligel (*Tachyglossus aculeatus*) 29
Asiatischer Elefant (*Elephas maximus*) 194
Bechsteinfledermaus (*Myotis bechsteinii*) 86
Bergbilchbeutler (*Burramys parvus*) 175
Bramble-Cay-Mosaikschwanzratte (*Melomys rubicola*) 199
Braunbär (*Ursus arctis*) 184
Breitmaulnashorn (*Ceratotherium simum*) 195
Dickschwänzige Schmalfußbeutelmaus (*Sminthopsis crassicaudata*) 69
Dingo (*Canis lupus*) 62
Dromedar (*Camelus dromedarius*) 105
Dsungarischer Zwerghamster (*Phodopus sungorus*) 85
Eisbär (*Ursus maritimus*) 184
Erdferkel (*Orycteropus afer*) 91
Erdmännchen (*Suricata suricatta*) 98
Europäischer Hamster, Feldhamster (*Cricetus cricetus*) 85
Gelbbauchmurmeltier (*Marmota flaviventris*) 89
Gepard (*Acinonyx jubatus*) 114
Giles-Flachkopfbeutelmaus (*Planigale gilesi*) 69
Gold-Stachelmaus (*Acomys russatus*) 82
Kängururatte (*Dipodomys spectabilis*) 109
Kap-Springbock (*Antidorcas marsupialis*) 107
Karibu (*Rangifer tarandus caribou*) 176
Katze (*Felis catus*) 61
Kitfuchs (*Vulpes macrotis*) 113
Koala (*Phascolarctos cinereus*) 16

Kurznasenbeutler, Bandicoot (*Isoodon obesulus*) 60
Löwe (*Panthero leo*) 115
Nacktmull (*Heterocephalus glaber*) 97
Östlicher Ringelschwanzbeutler (*Pseudocheirus peregrinus*) 11
Polarfuchs (*Vulpes lagopus*) 77
Polarhase (*Lepus arcticus*) 187
Riesenohr-Springmaus (*Euchoreutes naso*) 112
Ringelrobbe (*Pusa hispida*) 185
Rotfuchs (*Vulpes vulpes*) 60
Schnabeltier (*Ornithorhynchus anatinus*) 29
Schwarzer Flughund (*Pteropus alecto*) 14
Siebenschläfer (*Glis glis*) 160
Spitzmaulnashorn (*Diceros bicornis*) 195
Streifen-Langnasenbeutler (*Perameles bougainville*) 204
Sumatra-Nashorn (*Dicerorhinus sumatrebsis*) 190
Sumpfwallaby (*Wallabia bicolor*) 57
Tasmanischer Tiger, Beutelwolf (*Thylacinus cynocephalus*) 198
Waldelefant (*Loxodonta cyclotis*) 193
Weihnachtsinsel-Fledermaus (*Pipistrellus murrayi*) 199
Westlicher Gorilla (*Gorilla gorilla*) 190
Westliches Spitzmaulnashorn (*Diceros bicornis longipes*) 195
Zwergflusspferd (*Choeropsis liberiensis*) 190

Vögel

Amsel (*Turdus merula*) 166
Bekassine (*Gallinago gallinago*) 170
Blaumeise (*Cyanistes caeruleus*) 159
Buchfink (*Fringilla coelebs*) 174
Carnabys Weißohr-Rabenkakadu (*Calyptorhynchus latirostris*) 37
Eiderente (*Somateria mollissima*) 154
Eismöwe (*Larus hyperboreus*) 186
Graumantelbrillenvogel (*Zosterops lateralis*) 134
Grünfink (*Chloris chloris*) 165
Habichtfalke (*Falco berigora*) 62
Haubenlerche (*Galerida cristata*) 170
Hausgimpel (*Haemorhous mexicanus*) 168
Haussperling (*Passer domesticus*) 168

Keilschwanzweihe (*Haliastur sphenurus*) 62
Kiebitz (*Vanellus vanellus*) 170
Kieferntangare (*Piranga ludoviciana*) 51
Kohlmeise (*Parus major*) 159
Kornweihe (*Circus cyaneus*) 170
Moorschneehuhn (*Lagopus lagopus*) 187
Nachtigall (*Luscinia megarhynchosi*) 169
Nonnengans (*Branta leucopsis*) 186
Papageientaucher (*Fratacula cirrhata*) 112
Präriebussard (*Buteo swainsoni*) 61
Rebhuhn (*Perdix perdix*) 170
Rotkehlchen (*Erithacus rubecula*) 169
Rotrücken-Zimtelfe (*Selasphorus rufus*) 73
Schnäpper (*Microeca fascinans*) 35
Schwarzhalstaucher (*Podiceps nigricollis*) 172
Schwarzmilan (*Milvus migrans*) 62
Steinschmätzer (*Oenanthe oenanthe*) 170
Trauerschnäpper (*Ficedula hypoleuca*) 163
Trottellumme (*Uria aalge*) 40
Turteltaube (*Streptopelia turtur*) 170
Uferschnepfe (*Limosa limosa*) 170
Uferschwalbe (*Riparia riparia*) 172
Zebrafink (*Taeniopygia guttata*) 32
Zwergpinguin (*Eudyptula minor*) 40

Reptilien, Amphibien und Fische

Aalmutter (*Zoarces viviparus*) 152
Grasfrosch (*Rana temporaria*) 143
Grüne Meeresschildkröte (*Chelonia mydas*) 42
Krokodileisfisch (*Chionodraco rastrospinosus*) 30
Lederschildkröte (*Dermochelys coriacea*) 150
Panama-Stummelfußfrosch (*Atelopus zeteki*) 145
Riedfrosch (*Hyperolius nitidulus*) 58
Strahlenschildkröte (*Astrochelys radiata*) 196
Streifenzwergbarsch (*Labracinus lineatus*) 42
Trauerband-Anemonenfisch (*Amphiprion percula*) 156
Wüstenkärpfling (*Cyprinodon nevadensis amargosae*) 30

Andere

Blatthornkäfer (*Scarabaeus satyrus*) 134
Bockkäfer (*Phoracantha semipunctata*) 42
Chytridpilz (*Batrachochytrium dendrobatidis, B. salamandrivorans*) 145
Großes Ochsenauge (*Maniola jurtina*) 173
Languste (*Panulirus cygnus*) 42
Miesmuschel (*Mytilus edulis*) 153
Randring-Perlmuttfalter (*Boloria eunomia*) 139
Schwarzer Kiefernprachtkäfer (*Melanophila acuminata*) 59

Marc Jeanson, Charlotte Fauve
Das Gedächtnis der Welt
Aus dem Französischen von Elsbeth Ranke
224 Seiten. Gebunden mit Schutzumschlag
ISBN 978-3-351-03462-7
Auch als E-Book lieferbar

»Eine Hymne an die Natur.« Le Point

Der junge Botaniker Marc Jeanson leitet das größte Herbarium der Welt: ein magischer Ort mitten in Paris, der das Wissen von Jahrtausenden birgt. Gesammelt von Naturforschern wie Lamarck und Linné, die die Flora im 18. Jahrhundert erstmals kartografierten.
In »Das Gedächtnis der Welt« nehmen uns Marc Jeanson und Charlotte Fauve mit auf die Expeditionen der großen Gelehrten – und auf die eigene abenteuerliche Suche nach unbekannten Pflanzen, die benannt und vor dem Vergessen bewahrt werden wollen. Ein Buch voller Poesie, das die Augen dafür öffnet, wie das Leben der Pflanzen untrennbar mit dem unseren verbunden ist.

Regelmäßige Informationen erhalten Sie über unseren Newsletter.
Jetzt anmelden unter: www.aufbau-verlag.de/newsletter

Karsten Brensing
Die Sprache der Tiere
Sachbuch
267 Seiten. Gebunden mit Schutzumschlag
ISBN 978-3-351-03729-1
Auch als E-Book lieferbar

Mit Tieren sprechen: Geht das?

Ist es wirklich möglich, die uralte Menschheitssehnsucht, dass Mensch und Tier einander verstehen, zu verwirklichen? Seit wir wissen, dass Meisen in Sätzen reden, Delfine eine komplizierte Grammatik sicher anwenden können und manche Tierarten 300 und mehr Vokabeln beherrschen, erscheint fast alles möglich. Jede Form der Kommunikation ist abhängig vom Kontext. Dieses Buch entführt in das breite Spektrum des menschlichen Umgangs mit Tieren. Anhand unzähliger Beispiele erleben wir wir tierisches als auch menschliches Verhalten und Kommunizieren. Dabei wird die Vermenschlichung von Tieren zu einem wichtigen Werkzeug. Nach der Lektüre dieses Buches werden Sie Tiere besser verstehen, und wenn Sie richtig kommunizieren, werden Sie auch besser verstanden. Die Zeiten der brutalen Ausbeutung unserer tierischen Mitbewohner dieses Erdballs müssen vorbei sein, die Zeiten eines fairen Miteinanders müssen beginnen. Warum? Weil wir es heute besser wissen!

Regelmäßige Informationen erhalten Sie über unseren Newsletter.
Jetzt anmelden unter: www.aufbau-verlag.de/newsletter

Karsten Brensing
Das Mysterium der Tiere
Sachbuch
384 Seiten. Broschur
ISBN 978-3-7466-3500-2
Auch als E-Book lieferbar

Was Tiere denken.

Delfine rufen sich beim Namen, und Orcas leben in einer über 700 000 Jahre alten Kultur. Entenküken bestehen komplizierte Tests zum abstrakten Denken, und Schnecken drehen freiwillig Fitnessrunden im Hamsterrad. Karsten Brensing entführt uns zu den Ursprüngen der Geistesentwicklung bei Mensch und Tier. Wer schon immer wissen wollte, was im Kopf unserer geliebten Haustiere oder in vielen anderen tierischen Köpfen vor sich geht, der findet in diesem Buch die Antworten, und jede neue animalische Begegnung wird zu einem spannenden Erlebnis.

»Brensings Beispiele zeigen eindrucksvoll, dass es keinen Grund gibt, Tieren ein ›Innenleben‹ mit Schmerzen, Trauer und Freude abzusprechen.« GEO

Regelmäßige Informationen erhalten Sie über unseren Newsletter.
Jetzt anmelden unter: www.aufbau-verlag.de/newsletter

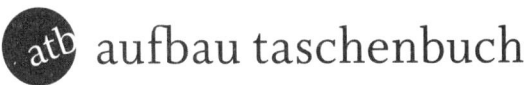